彩插典藏本

# 人生自有诗意
## 宗白华美学精选集

宗白华 著

北京联合出版公司
Beijing United Publishing Co.,Ltd.

图书在版编目（CIP）数据

人生自有诗意：宗白华美学精选集：彩插典藏本/宗白华著．——北京：北京联合出版公司，2017.6

ISBN 978-7-5596-0246-6

Ⅰ.①人… Ⅱ.①宗… Ⅲ.①美学—文集 Ⅳ.① B83-53

中国版本图书馆 CIP 数据核字（2017）第 079724 号

## 人生自有诗意：宗白华美学精选集（彩插典藏本）

策　　　划：卓文天语
特约编辑：刘　萍　　　　装帧设计：主语设计
责任编辑：孙志文　　　　封面画作：吴冠中

---

北京联合出版公司出版
（北京市西城区德外大街 83 号楼 9 层 100088）
北京联合天畅发行公司发行
北京旭丰源印刷技术有限公司印刷　新华书店经销
字数 200 千字　880mm×1230mm　1/32　10 印张
2017 年 6 月第 1 版　2017 年 6 月第 1 次印刷
ISBN 978-7-5596-0246-6
定价：42.80 元

---

未经许可，不得以任何方式复制或抄袭本书部分或全部内容
版权所有，侵权必究
本书若有质量问题，请与本公司图书销售中心联系调换。电话：（010）64243832

敦煌莫高窟壁画

[晋]王羲之：兰亭集序（唐冯承素摹本）

[唐]柳公权：金刚般若波罗密经

永和九年歲在癸丑暮春之初會
于會稽山陰之蘭亭脩禊事
也羣賢畢至少長咸集此地
有峻領茂林脩竹又有清流激
湍暎帶左右引以為流觴曲水
列坐其次雖無絲竹管絃之
盛一觴一詠亦足以暢叙幽情
是日也天朗氣清惠風和暢仰
觀宇宙之大俯察品類之盛
所以遊目騁懷足以極視聽之

如來不以具足相故得阿耨
多羅三藐三菩提須菩提汝
若作是念發阿耨多羅三藐
三菩提者說諸法斷滅莫作
是念何以故發阿耨多羅三
藐三菩提者於法不說斷滅
須菩提若菩薩以滿恒河
沙等世界七寶布施若復有
人知一切法無我得成於忍
此菩薩勝前菩薩所得功德
須菩提以諸菩薩不受福德
故須菩提白佛言世尊云何
菩薩不受福德須菩提菩薩
所作福德不應貪著是故說
不受福德須菩提若有人言
如來若來若去若坐若臥是
人不解我所說義何以故如

［宋］李唐：百牛图（局部）

［元］赵孟頫：双松平远图（局部）

［明］朱耷：猫趣图

〔明〕朱耷：鸦

蒼松片石
沈周學梅花道人筆

［明］沈周：蒼松片石圖

[清]石涛：松下高仕图

齐白石：双喜图　　　　　　　　齐白石：荷花鸳鸯图

徐悲鸿：奔马图

徐悲鸿：泰戈尔

[意大利]拉斐尔:圣母的婚礼

[荷兰] 凡高：十五朵向日葵

［荷兰］凡高：星夜

[荷兰] 弗朗斯·哈尔斯: 吉普赛女郎

[荷兰] 伦勃朗：达娜厄

［荷兰］伦勃朗：复活的基督

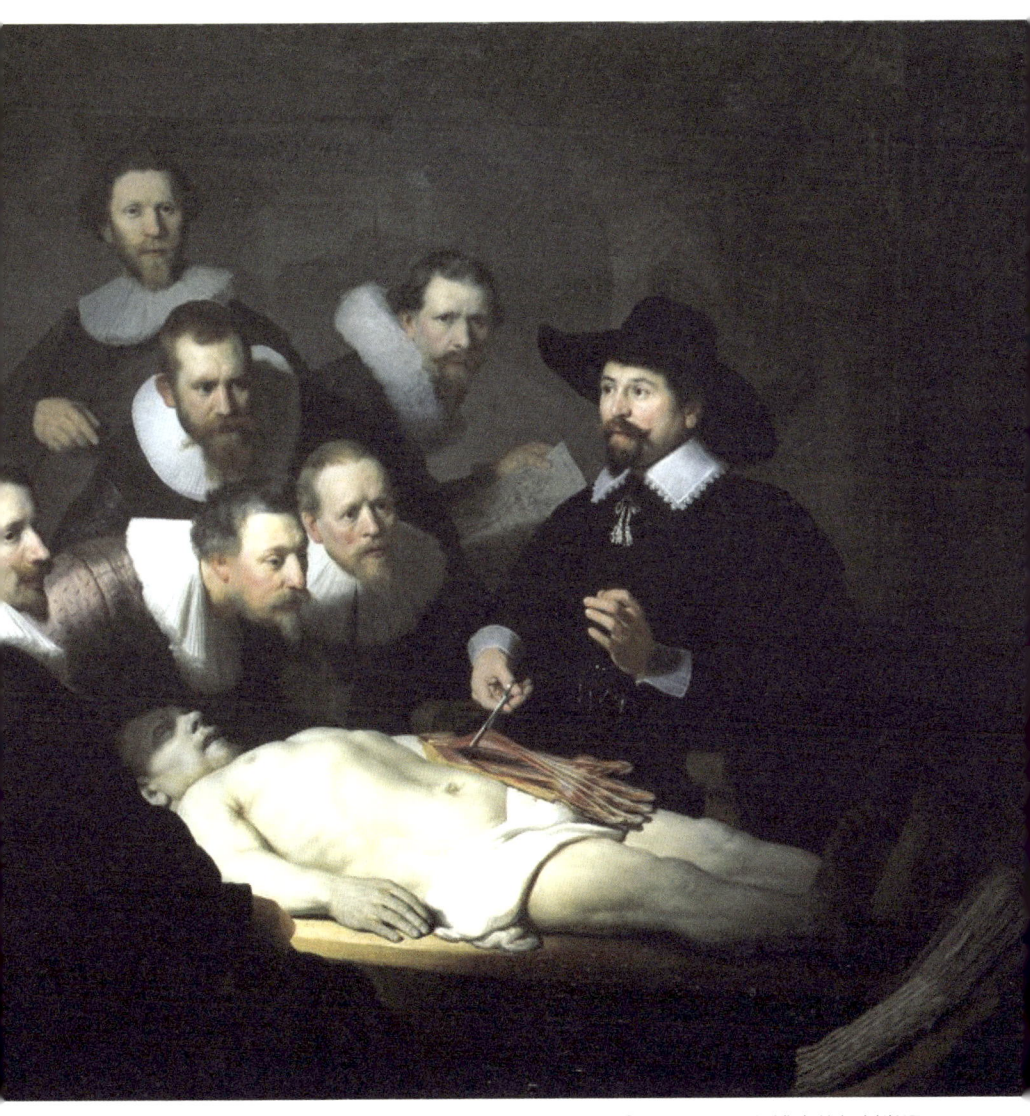

[荷兰]伦勃朗:杜尔博士的解剖学课

［荷兰］维米尔：戴珍珠耳环的少女

[荷兰]维米尔：绘画的寓言

［法国］埃德加・德加：芭蕾舞蹈课

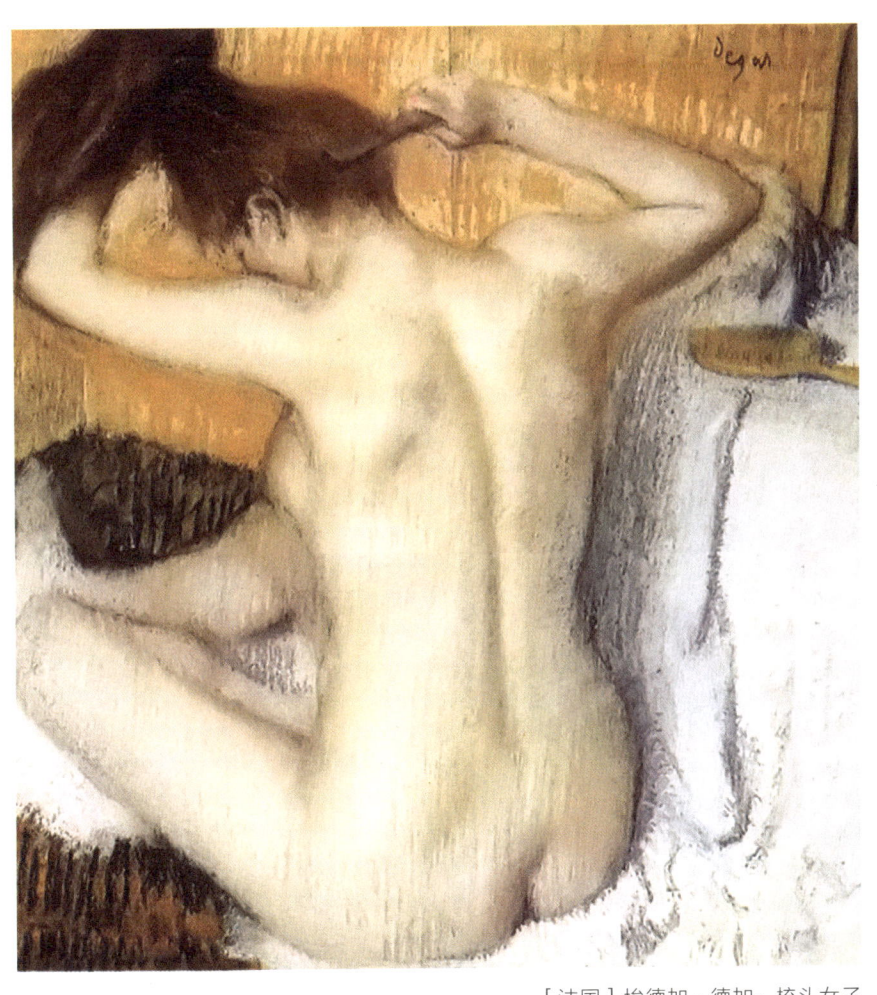

［法国］埃德加·德加：梳头女子

［法国］奥古斯特·罗丹：艾马尔神父

［法国］奥古斯特·罗丹：花神

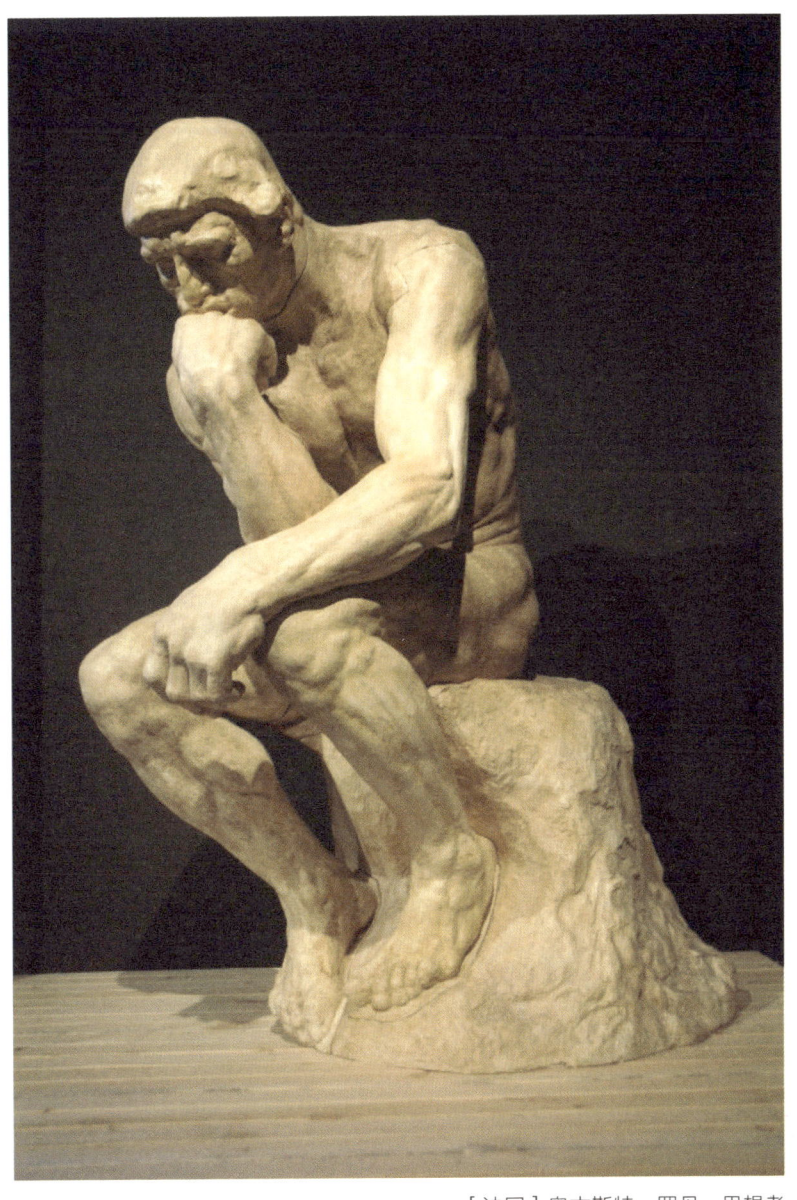

[法国]奥古斯特·罗丹：思想者

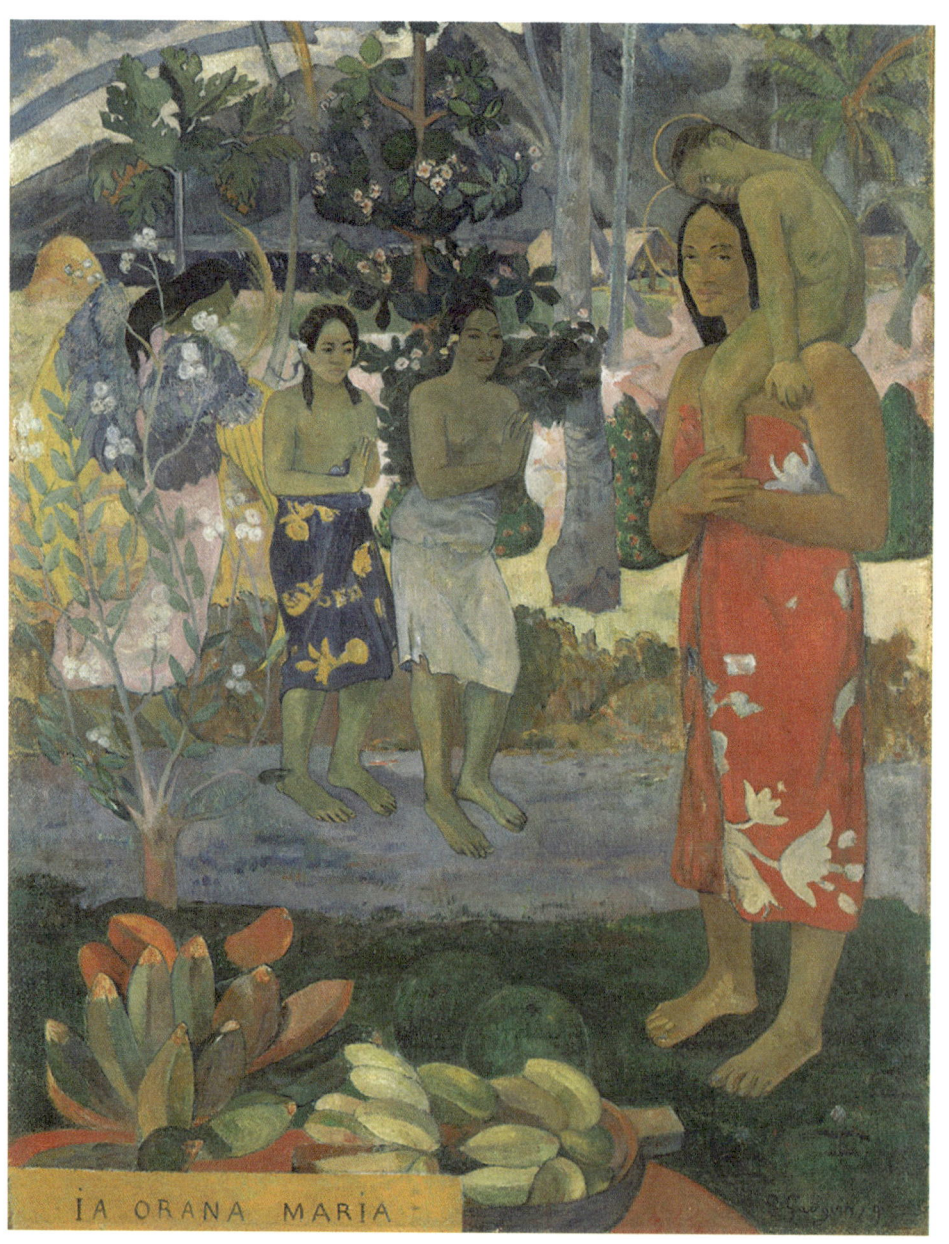

［法国］保罗·高更：我们朝拜玛利亚（向玛利亚致敬）

［法国］保罗·高更：我们从哪里来？我们是谁？我们到哪里去？

［法国］保罗·塞尚：圣维克多山

［法国］弗朗索瓦·布歇：德·蓬巴杜夫人

[法国] 让-弗朗索瓦·米勒：等待

［法国］卡米耶·毕沙罗：凡尔赛宫的冬景

［法国］克劳德·莫奈：睡莲

[法国]克劳德·莫奈:卡米尔

[奥地利]古斯塔夫·克林姆特：吻

# 目录

## 第一章 美学散步

一　美从何处寻？　002

二　漫话中国美学　011

三　美学与艺术略谈　015

四　美学与趣味性　019

五　艺术形式美二题　021

六　略论文艺与象征　023

七　略谈艺术的「价值结构」　027

八　技术与艺术——在复旦大学文史地学会上的演讲　032

九　悲剧的与幽默的人生态度　037

十　中国美学史中重要问题的初步探索　040

# 第二章 艺术漫谈

一 ● 中国艺术三境界 …… 078
二 ● 中国艺术表现里的虚和实 …… 085
三 ● 论中西画法的渊源与基础 …… 090
四 ● 中西戏剧比较及其他 …… 107
五 ● 中国古代的音乐寓言与音乐思想 …… 110
六 ● 关于山水诗画的点滴感想 …… 129
七 ● 戏曲在文艺上的地位 …… 133
八 ● 徐悲鸿与中国绘画 …… 136
九 ● 中国文化的美丽精神往哪里去 …… 140
十 ● 歌德之人生启示 …… 144

十一〇 哲学与艺术——希腊哲学家的艺术理论 ... 171

十二〇 文艺复兴的美学思想 ... 182

十三〇 康德美学思想评述 ... 190

十四〇 黑格尔的美学和普遍人性 ... 215

## 第三章　美话人生

一〇 我和艺术 ... 244

二〇 学者的态度和精神 ... 246

三〇 说人生观 ... 248

四〇 新人生观问题的我见 ... 257

五〇 怎样使我们生活丰富 ... 262

六 〇「实验主义」与「科学的生活」 266

七 〇 青年烦闷的解救法 268

八 〇 读书与自助的研究 272

附录 宗白华诗六首 275

# 第一章　美学散步

　　美对于你的心，你的"美感"是客观的对象和存在。你如果要进一步认识她，你可以分析她的结构、形象，组成的各部分，得出"谐和"的规律，"节奏"的规律，表现的内容，丰富的启示，而不必顾到你自己的心的活动，你越能忘掉自我，忘掉你自己的情绪波动，思维起伏，你就越能够"漱涤万物，牢笼百态"，你就会像一面镜子，像托尔斯泰那样，照见了一个世界，丰富了自己，也丰富了文化。

# 一 ○ 美从何处寻?

啊,诗从何处寻?
从细雨下,点碎落花声,
从微风里,飘来流水音,
从蓝空天末,摇摇欲坠的孤星!

《流云小诗》

尽日寻春不见春,芒鞋踏遍陇头云。
归来笑拈梅花嗅,春在枝头已十分。

宋罗大经:《鹤林玉露》中载某尼悟道诗

　　诗和春都是美的化身,一是艺术的美,一是自然的美。我们都是从目观耳听的世界里寻得她的踪迹。某尼悟道诗大有禅意,好像是说"道不远人",不应该"道在迩而求诸远",好像是说:"如果你在自己的心中找不到美,那么,你就没有地方可以发现美的踪迹。"

然而梅花仍是一个外界事物呀，大自然的一部分呀！你的心不是"在"自己的心的过程里，在感觉、情绪、思维里找到美，而只是"通过"感觉、情绪、思维找到美，发现梅花里的美。美对于你的心，你的"美感"是客观的对象和存在。你如果要进一步认识她，你可以分析她的结构、形象，组成的各部分，得出"谐和"的规律，"节奏"的规律，表现的内容，丰富的启示，而不必顾到你自己的心的活动，你越能忘掉自我，忘掉你自己的情绪波动，思维起伏，你就越能够"漱涤万物，牢笼百态"（柳宗元语），你就会像一面镜子，像托尔斯泰那样，照见了一个世界，丰富了自己，也丰富了文化。人们会感谢你的。

那么，你在自己的心里就找不到美了吗？我说，我们的心灵起伏万变，经常碰到情欲的波涛，思想的矛盾，当我们身在其中时，恐怕尝到的是苦闷，而未必是美。只有莎士比亚或巴尔扎克把它形象化了，表现在文艺里，或是你自己手之舞之，足之蹈之，把你的欢乐表现在舞蹈的形象里，或把你的忧郁歌咏在有节奏的诗歌里，甚至于在你的平日的行动里，语言里，一句话说来，就是你的心要具体地表现在形象里，那时旁人会看见你的心灵的美，你自己也才真正地切实地具体地发现你的心里的美。除此以外，恐怕不容易吧！你的心可以发现美的对象（人生的，社会的，自然的），这"美"对于你是客观的存在，不以你的意志为转移。（你的意志只能主使你的眼睛去看她，或不去看她，而不能改变她。你能训练你的眼睛深一层地去认识她，却不能动摇她。希腊伟大的艺术不因中古时代的晦暗而减少它的光辉。）

宋朝某尼虽然似乎悟道，然而她的觉悟不够深，不够高，她不能发现整个宇宙已经盎然有春意，假使梅花枝上已经春满十分了。她在踏遍陇头云时是苦闷的，失望的。她把自己关在狭窄的心的圈子里了。只在自己的心里去找寻美的踪迹是不够的，是大有问题的。王羲之在《兰亭序》里说："仰观宇宙之大，俯察品类之盛，所以游目骋怀，足以极视听之娱，信可乐也。"这是东晋大书法家在寻找美的踪迹。他的书法传达了自然的美和精神的美。不仅是大宇宙，小小的事物也不可忽视。诗人华滋沃斯曾经说过："一朵微小的花对于我可以唤起不能用眼泪表达出的那样深的思想。"

达到这样的、深入的美感，发现这样深度的美，是要在主观心理方面具有条件和准备的。我们的感情是要经过一番洗涤，克服了小己的私欲和利害计较。矿石商人仅只看到矿石的货币价值，而看不见矿石的美的特性。我们要把整个情绪和思想改造一下，移动了方向，才能面对美的形象，把美如实地和深入地反映到心里来，再把它放射出去，凭借物质创造形象给表达出来，才成为艺术。中国古代曾有人把这个过程唤作"移人之情"或"移我情"。琴曲《伯牙水仙操》的序上说：

伯牙学琴于成连，三年而成，至于精神寂寞，情之专一，未能得也。成连曰："吾之学不能移人之情，吾师有方子春在东海中。"乃赍粮从之，至蓬莱山，留伯牙曰："吾将迎吾师！"划船而去，旬日不返。伯牙心悲，延颈四望，但闻海水汩没，山林窅冥，群鸟悲号。

仰天叹曰："先生将移我情！"乃援操而作歌云："繄洞庭兮流斯护，舟楫逝兮仙不还，移形素兮蓬莱山，欷钦伤宫仙不还。"

伯牙由于在孤寂中受到大自然强烈的震撼，生活上的异常遭遇，整个心境受了洗涤和改造，才达到艺术的最深体会，把握到音乐的创造性的旋律，完成他的美的感受和创造。这个"移情说"比起德国美学家栗卜斯的"情感移入论"似乎还要深刻些，因为它说出现实生活中的体验和改造是"移情"的基础呀！并且"移易"和"移入"是不同的。

这里所理解的"移情"应当是我们审美的心理方面的积极因素和条件，而美学家所说的"心理距离""静观"，也构成审美的消极条件。女子郭六芳有一首诗《舟还长沙》说得好：

侬家家住两湖东，十二珠帘夕照红。
今日忽从江上望，始知家在画图中。

自己住在现实生活里，没有能够把握到它的美的形象。等到自己对自己的日常生活有相当的距离，从远处来看，才发现家在画图中，溶在自然的一片美的形象里。

但是在这主观心理条件之外，也还需要客观的物的方面的条件。在这里是那夕照的红和十二珠帘的具有节奏与和谐的形象。宋人陈简斋的海棠诗云："隔帘花叶有辉光"，帘子造成了距离，同时它的线纹的节奏也更能把帘外的花叶纳进美的形象，增强了它的光辉闪灼，呈显出生命的华美，就像一段欢愉生活嵌在素朴而具有优美旋律的歌词里一样。

　　这节奏，这旋律，这和谐等等，它们离不开生命的表现，它们不是死的机械的空洞的形式，而是具有内容，有表现、有丰富意义的具体形象。形象不是形式，而是形式和内容的统一，形式中每一个点、线、色、形、音、韵，都表现着内容的意义、情感、价值。所以诗人艾里略说："一个造出新节奏来的人，就是一个拓展了我们的感性并使它更为高明的人。"又说："创造一种形式并不是仅仅发明一种格式，一种韵律或节奏，而也是这种韵律或节奏的整个合式的内容的发觉。莎士比亚的十四行诗并不仅是如此这般的一种格式或图形，而是一种恰是如此思想感情的方式"，而具有着理想的形式的诗是"如此这般的诗，以致我们看不见所谓诗，而但注意着诗所指示的东西"（《诗的作用和批评的作用》）。这里就是"美"，就是美感所受的具体对象。它是通过美感来摄取的美，而不是美感的主观的心理活动自身。就像物质的内部结构和规律是抽象思维所摄取的，但自身却不是抽象思维而是具体事物。所以专在心内搜寻是达不到美的踪迹的。美的踪迹要到自然、人生、社会的具体形象里去找。

　　但是心的陶冶，心的修养和锻炼是替美的发现和体验做准备的。创造"美"也是如此。捷克诗人里尔克在他的《柏列格的随笔》里一段话精深微妙，梁宗岱曾把它译出，介绍如下：

……一个人早年作的诗是这般乏意义,我们应该毕生期待和采集,如果可能,还要悠长的一生;然后,到晚年,或者可以写出十行好诗。因为诗并不像大家所想象,徒是情感(这是我们很早就有了的),而是经验。单要写一句诗,我们得要观察过许多城许多人许多物,得要认识走兽,得要感到鸟儿怎样飞翔和知道小花清晨舒展的姿势。得要能够回忆许多远路和僻境,意外的邂逅,眼光望它接近的分离,神秘还未启明的童年,和容易生气的父母,当他给你一件礼物而你不明白的时候(因为那原是为别一人设的欢喜)和离奇变幻的小孩子的病,和在一间静穆而紧闭的房里度过的日子,海滨的清晨和海的自身,和那与星斗齐飞的高声呼号的夜间的旅行——而单是这些犹未足,还要享受过许多夜不同的狂欢,听过妇人产时的呻吟,和坠地便瞑目的婴儿轻微的哭声,还要曾经坐在临终人的床头和死者的身边,在那打开的、外边的声音一阵阵拥进来的房里。可是单有记忆犹未足,还要能够忘记它们,当它们太拥挤的时候,还要有很大的忍耐去期待它们回来。因为回忆本身还不是这个,必要等到它们变成我们的血液、眼色和姿势了,等到它们没有了名字而且不能别于我们自己了,那么,然后可以希望在极难得的顷刻,在它们当中伸出一句诗的头一个字来。

这里是大诗人里尔克在许许多多的事物里、经验里,去踪迹诗,去发现美,多么艰辛的劳动呀!他说:诗不徒是感情,而是经验。现在我们也就转过方向,从客观条件来考察美的对象的构成。改造我们的感情，使它能够发现美，中国古人曾经把这唤作"移我情"，改变着客观世界的现象，使它能够成为美的对象，中国古人曾经把这唤作"移世界"。

"移我情"、"移世界"，是美的形象涌现出来的条件。

我们上面所引长沙女子郭六芳诗中说过"今日忽从江上望，始知家在画图中"，这是心理距离构成审美的条件。但是"十二珠帘夕照红"，却构成这幅美的形象的客观的积极的因素。夕照、月明、灯光、帘幕、薄纱、轻雾，人人知道是助成美的出现的有力的因素，现代的照相术和舞台布景知道这个而尽量利用着。中国古人曾经唤作"移世界"。

明朝文人张大复在他的《梅花草堂笔谈》里记述着：

邵茂齐有言，天上月色能移世界，果然！故夫山石泉涧，梵刹园亭，屋庐竹树，种种常见之物，月照之则深，蒙之则净，金碧之彩，披之则醇，惨悴之容，承之则奇，浅深浓淡之色，按之望之，则屡易而不可了。以至河山大地，邈若皇古，犬吠松涛，远于岩谷，草生木长，闲如坐卧，人在月下，亦尝忘我之为我也。今夜严叔向，置酒破山僧舍，起步庭中，幽华可爱，旦视之，酱盎纷然，瓦石布地而已。戏书此以信茂齐之话，时十月十六日，万历丙年三十四年也。

月亮真是一个大艺术家，转瞬之间替我们移易了世界，美的形象，涌现在眼前。但是第二天早晨起来看，瓦石布地而已。于是有人得出结论说：美是不存在的。我却要更进一步推论说，瓦石也只是无色无形的原子或电磁波，而这个也只是思想的假设，我们能抓住的只是一堆抽象数学方程式而已。究竟什么是真实的存在？所以我们要回转头来说，我们现实生活里直接经验到，不以我们的意志为转移的，丰富多彩的，有声有色有形有相的世界就是真实存在的世界，这是我们生活和创造的园地。所以马克思很欣赏近代唯物论的第一个创始者培根的著作里所说的物质以其感觉的诗意的光辉向着整个的人微笑（见《神圣家族》），而不满意霍布士的唯物论里"感觉失去了它的光辉而变为几何学家的抽象感觉，唯物论变成了厌世论"。在这里物的感性的质、光、色、声、热等不是物质所固有的了，光、色、声中的美更成了主观的东西，于是世界成了灰白色的骸骨，机械的死的过程。恩格斯也主张我们的思想要像一面镜子，如实地反映这多彩的世界。美是存在着的！世界是美的，生活是美的。它和真和善是人类社会努力的目标，是哲学探索和建立的对象。

美不但是不以我们的意志为转移的客观存在，反过来，它影响着我们，教育着我们，提高生活的境界和意趣。它的力量大极了，它也可以倾国倾城。希腊大诗人荷马的著名史诗《伊利亚特》歌咏希腊联军围攻特罗亚九年，为的是夺回美人海伦，而海伦的美叫他们感到九年的辛劳和牺牲不是白费的。现在引述这一段名句：

特罗亚长老们也一样的高踞城雉，
当他们看见了海伦在城垣上出现，

老人们便轻轻低语，彼此交谈机密：
"怪不得特罗亚人和坚胫甲阿开人
为了这个女人这么久忍受苦难呢，
她看来活像一个青春长住的女神。
可是，尽管她多美，也让她乘船去吧，
别留这里给我们子子孙孙作祸根。"

引自缪朗山译《伊利亚特》

  荷马不用浓丽的词藻来描绘海伦的容貌，而从她的巨大的惨酷的影响和力量轻轻地点出她的倾国倾城的美。这是他的艺术高超处，也是后人所赞叹不已的。

  我们寻到美了吗？我说，我们或许接触到美的力量，肯定了她的存在，而她的无限的丰富内含却是不断地待我们去发现；千百年来的诗人艺术家已经发现了不少，保藏在他们的作品里，千百年后的世界仍会有新的表现。"每一个造出新节奏来的人，就是一个拓展了我们的感性并使它更为高明的人！"

原载《新建设》1957年第6期

## 二 ○ 漫话中国美学

我们在北京大学汤用彤教授家里，听他谈治学的经过和经验。哲学系教授宗白华也在这里做客。他们两位一起谈论到美学问题。

**汤用彤**：你最近在研究什么？噢，正在参加编写《中国美学史》的工作，那末也应该从古籍中去收集一些资料了。

**宗白华**：正在这样做，而且艺术界已编好或在动手编写一些专史，例如音乐、绘画、戏剧及工艺美术等。中国古代的文论、画论、乐论里，有丰富的美学思想的资料，一些文人笔记和艺人的心得，虽则片言只语，也偶然可以发现精深的美学见解。随便举个例子：《艺能编·堆石名家》中有一段说："近时有戈裕长者，其堆法尤胜于诸家，尝论师子林石洞皆界以条石，不算名手。予诘之曰：不用石条，易于倾颓奈何？戈曰：只将大小石钩带联络如造环桥法，可以千年不坏，要如真山洞壑一般，然后方称能事。"这是中国园林艺术中的美学思想，指出艺术作品要依靠内在结构里的必然性，不依靠外来的支撑，道出了艺术的规律。像这样的美学材料，是很多的，只是散见于各种书籍中，不容易搜集。

**汤用彤**：搜集资料的工作，还可以宽广一些，可能在无关紧要的书里，也会发现一两条与美学有关的材料。《大藏经》中有关于箜篌的记载，也可能对美学研究有用。

**宗白华**：是的，除此以外，也要研究西方的哲学思想和艺术的关系，从而分别出中外美学思想的不同特点。在西方，美学是大哲学家思想体系中的一部分，属于哲学史的内容。但是亚里士多德的《诗学》，和希腊戏剧分不开，柏拉图的哲学思想也和希腊的史诗、雕塑艺术有密切关系。近来有人对此做了详细的考察，倒可算是一个新发现。要了解西方美学的特点，也必须从西方艺术背景着眼，但大部分仍是哲学家的美学。在中国，美学思想却更是总结了艺术实践，回过来又影响着艺术的发展。南齐谢赫的《六法》，总结了中国绘画艺术的经验。在他以前，中国绘画已达到很高的水平，六法中间的一法："气韵生动"，正是东周战国艺术的特征。音乐方面，《礼记》里公孙尼子的《乐记》，是一个较为完整的体系，对历代的音乐思想，具有支配的作用。还有受老庄思想影响的嵇康，他的《声无哀乐论》，其中也有精深的美学见解，他认为音乐反映着大自然里的客观规律——"道"，不是主观情感的发泄，这是极有价值的见解，可同近代西方音乐美学的争论相互印证。

**宗白华**：上次在汤老家里，我已略为谈到了中西艺术和美学思想的不同，而中国的艺术几千年来一脉相传，始终是活跃着的，现在更是活跃着，美学思想也活跃起来了。追探过去，是很有意义的事情。比如就从绘画和雕塑的关系而论，中西就有不同。希腊的绘画，立体感强，注重凸出形体，讲究明暗，好像把雕塑搬到画上去。而中国则是绘画意匠占主要地位，从线纹为主，雕塑却有了画意。中国历史博物馆所藏的东汉四骑吏启戟画像砖，本是以线纹为主的画，却又是浮雕，这是以画为主的立体雕刻。中国的雕塑和画，意境相通，密切结合，敦煌的彩塑和背后的壁画溶成了一片画境，雕塑似画，和希腊的画似雕塑，适得其反。这确是值得研究的。中国画中有诗，有书法，有音乐境界，也有雕塑。中国戏曲更是一种综合艺术，从中西戏曲表演方法的不同里，可以研究中西美学思想的分途。

**记者**：中国戏曲是最典型的综合艺术。当代的许多表演艺术家有丰富的艺术实践经验和心得，其中有不少意见是独到的美学观点。最近，各个报刊上发表了许多谈艺录、艺文谭和访问记等。

**宗白华**：我读到过一些，觉得很有趣味。过去我们研究中国美学史的，大都注重从文论、诗论、乐论和画论中去收集资料，其实应当多多研究中国戏剧。盖叫天谈的艺术经验，其中有不少是精辟的美学见解，他说武松、李逵、石秀同是武生，但表现这些人物的神情举止，或是跌扑翻打、闪掸腾挪，要切合各人的身份、地位和性格特征。又谈到一个演员技巧的洗炼，往往从少到多又到少。他的话都寄寓着美学意味。研究中国美学史的人应当打破过去的一些成见，而从中国极为丰富的艺术成就和艺人的艺术思想里，去考察中国美学思想的特点。这不仅是为了理解我们自己的文学艺术遗产，同时也将对世界的美学探讨作出贡献。现在,有许多人开始从多方面进行探索和整理,运用了集体和个人结合的力量,这一定会使中国的美学大放光彩。

《光明日报》记者詹明信访问汤用彤、宗白华教授的访问记,发表在1961年8月19日《光明日报》上

## 三 ○ 美学与艺术略谈

近来我国新思潮中有种很可喜的现象，就是对于艺术的兴趣渐渐浓了。研究美学的人也有了。绍虞君介绍了"近世美学"，美学的书也到了中国了。不过我觉得一般普通人对于美学与艺术两个概念还有没有完全明白的，所以略微谈谈，藉此引起多数人的了解与兴趣。

我曾遇着几位初听见美学这个名词的人，很不了解美学和艺术的分别，就问着我，我简单地答道："美学是研究'美'的学问，艺术是创造'美'的技能。当然是两件事。不过艺术也正是美学所研究的对象，美学同艺术的关系，譬如生物同生物学罢了。"这个答语实在过于笼统，我现在把美学和艺术的内容分开来说说。

### 一 美学的定义和内容

"美学"的英文Aesthetics，德文Ästhetik，源出于希腊的Oncotrnos，是关于感觉性的学问的意思。但是现代学者却差不多共定它是个"研究那由'美'或'非美'发生的感觉情绪的学科"。这个定义还嫌不概括，因为美学研究的内容还不止此。我记得德国Meumann①的经验美学中说，美学所研究的事物可分以下几门：

1. 美感的客观的条件。从实验上研究那引起我们发生美感的客观物件的性质与法则。

2. 美感的主观的条件。从实验心理学上研究那引起美感的主观心界的联想作用（Association）、空想作用、同感作用、静观作用（Contemplation），等等。

3. 自然美与艺术创作美的研究。从这里研究真美的性质和法则。

4. 人类史中艺术品创造的起源和进化。从这里研究人类艺术创造的性质和法则。

5. 艺术天才的特性及其创造艺术的过程。研究古来大艺术家的生平，从他生史或自传中考察他创造艺术时的心理作用及技艺的运用手段。

6. 美育的问题。研究怎样使美术的感觉普遍到平民的社会生活和个人生活间。

这以上诸问题，都是美学所研究的对象。美学的内容已可窥见一斑了。总括言之，美学的主要内容就是：以研究我们人类美感的客观条件和主观分子为起点，以探索"自然"和"艺术品"的真美为中心，以建立美的原理为目的，以设定创造艺术的法则为应用。现代的经验美学就是走的这个道路。但是以前的美学却不然。以前的美学大

---

① 梅伊曼（1862—1915），Ernest Meumann，德国教育家。与拉伊（Wilhelm August Lay）同为实验教育学的创始人。

都是附属于一个哲学家的哲学系统内，他里面"美"的概念是个形而上学的概念，是从那个哲学家的宇宙观里面分析演绎出来的。绍虞君的"近世美学"中已说及了，我可以不必再说。

## 二　艺术的定义和内容

艺术就是"人类的一种创造的技能，创造出一种具体的客观的感觉中的对象，这个对象能引起我们精神界的快乐，并且有悠久的价值"。这是就客观方面言，若就主观方面——艺术家的方面——说，艺术就是艺术家的理想情感的具体化，客观化，所谓自己表现（selfexpression）。所以艺术的目的并不是在实用，乃是在纯洁的精神的快乐，艺术的起源并不是理性知识的构造，乃是一个民族精神或一个天才的自然冲动的创作。他处处表现民族性或个性。艺术创造的能力乃是根于天成，虽能受理性学识的指导与扩充，但不是专由学术所能造成或完满的。艺术的源泉是一种极强烈深浓的，不可遏止的情绪，挟着超越寻常的想象能力。这种由人性最深处发生的情感，刺激着那想象能力到不可思议的强度，引导着他直觉到普通理性所不能概括的境界，在这一刹那间产生的许多复杂的感想情绪的联络组织，便成了一个艺术创作的基础。

艺术的性质，古来说者不一，亚里士多德说"艺术是模仿自然"，这话现在已不能完全成立。因艺术虽是需用自然的材料，借以表现，或且取自然的现象做象征，取自然的形体做描写的对象，但他决不是一味的模仿自然，他自体是一种自由的创造。他从那艺术家的理想情感里发展进化到一个完满的艺术品，也就同一个生物细胞发展进化到一个完全的生物一样。所以我向来的观察，以为艺术并不是模仿自然，因他自己就是一段自然的实现。艺术家创造一个艺术品的过程，就是一段自然创造的过程。并且是一种最高级的、最完满的、自然创造的过程。因为艺术是选择自然间最适宜的材料，加以理想化、精神化，使他成了人类最高精神的自然的表现。其实各种艺术与自然的关系也很不同。譬如建筑艺术在他建作一方面就纯粹不是取象于自然，乃是随顺着几何学比例（Geometrical progression）的法则。音乐也不是取象于自然。抒情诗更不是模仿自然，他纯粹是抒写主观的情绪。

各种艺术中所需用的自然的材料的量也很不齐。譬如，音乐所凭借的物质材料就远不及建筑。诗歌的词句与音节更是完全精神化了（言语不是思想的内容，乃是思想的符号）。总之，愈进化愈高级的艺术，所凭借的物质材料愈减少。到了诗歌造其极。所以诗歌是艺术中之女王，艺术是自然中最高级创造，最精神化的创造。就实际讲来，艺术本就是人类——艺术家——精神生命的向外的发展，贯注到自然的物质中，使他精神化、理想化。

以上我把我所知道的，所理想的艺术的内容粗略说了。现在再将艺术的门类说一下，做我这篇短论的结束。我们可以按照各种艺术所凭借以表现的感觉，分别艺术的门类如下：

1. 目所见的空间中表现的造型艺术：建筑、雕刻、图画。
2. 耳所闻的时间中表现的音调艺术：音乐、诗歌。
3. 同时在空间时间中表现的拟态艺术：跳舞、戏剧。

原载1920年3月10日《时事新报·学灯》

## 四 ○ 美学与趣味性

美学的研究与论述可以采取各种不同的形态：柏拉图以对话的形式谈论美与艺术；康德以严肃的哲学分析的方式研究美的判断力；西方近代的一些美学家从心理分析的角度探寻美的意识的特点；中国魏晋六朝时代的文人则注重从人物的丰度、言语的隽妙、行动的别致来欣赏美，并把"气韵生动"列为美术的终极目标；等等。

所以，美学的内容，不一定在于哲学的分析，逻辑的考察，也可以在于人物的趣谈、风度和行动，可以在于艺术家的实践所启示的美的体会与体验。就后面这种方式来说，六朝的《世说新语》正是先驱，后来续出的不少，颇为人们所喜爱。现在这本《艺苑趣谈录》扩大范围，从古今中外的艺术史中广泛撷取富有启发性的趣事趣谈，就更显得丰富多彩了。它并不是一本系统论述文艺美学的理论著作，它也并不直接解决文艺美学的某个理论问题。但是它所选取的古今中外著名艺术家的这些趣事趣谈，却可以启发我们去思考和研究文艺美学的很多理论问题。这也许就是它的特色与价值之所在。照我想，一本书的学术性和趣味性并不是互相排斥的。真正理想的美学著作，所应追求的恰恰应该是学术性和趣味性的统一。不知读者以为如何？

1982年10月为龙协涛编著的《艺苑趣谈录》所写的序

## 五 ○ 艺术形式美二题

一

每个艺术家都要创造形式来表现他的思想。有些人以为形式最好不谈，歌德说过，文艺作品的题材是人人可以看见的，内容意义经过一番努力才能把握，至于形式对大多数人是一个秘密。我认为每一个艺术家必须创造自己独特的形式，而事实也是如此，十个艺术家去表现同一个题材，每个人表现的形式一定不同。要使内容更加集中、深化、提高，需要创造形式。所谓形式主义，变成形式的游戏，歪曲了形式的本质。艺术没有创造性的形式，很可能不美，不能打动人心。艺术品能够感动人，不但依靠新内容，也要依靠新形式。假若观众无动于衷，那才是形式主义。真正的艺术家是想通过完美的形式感动人，自然要有内容，要有饱满的情感，还要有思想。艺术的魅力是无穷无尽的，然而艺术家不是赤裸裸地表达，而是让人探索无穷，几百年以后还在影响。讲来讲去，一句话：在艺术创作中要有形象的创造，所谓形象就是内容和形式。

二

形式美没有固定的格式，这是一种创造。同一题材可以出现不同的作品，以形式给题材新的意义，又表现了作者人格个性。哪怕是旧题材，例如歌德的《浮士德》，故事本身不仅流传久远，英国作家马洛也早就写过，但歌德写起来就面貌一新；莎士比亚的许多作品也是这样。《浮士德》《红楼梦》的思想境界可以有不同的体会和解释。陶渊明的诗，历代诗人对他的评价和领会就不同，同一作品，年轻时和年老时体会就不同，我年轻时看王羲之的字，觉得很漂亮，但理解很肤浅，现在看来就不同，觉得很有骨力，幽深无际，而且体会到他表现了魏晋时代文化潇洒的风度。这些"秘密"都是依靠形式美来表达的。云岗、龙门石窟艺术的境界很深，我们的认识和古人不一样，但是我们尽可以有新的体会。这一切都是内容和形式完美结合所创造的形象的魅力。形象可以造成无穷的艺术魅力，可以给人以无穷的体会，探索不尽，又不是神秘莫测不可理解。音乐也是这样。音乐的语言如果可以翻译成为逻辑语言的话，音乐就没有存在的必要了。这就是形式美的"秘密"和奥妙所在。

这是作者在1961年11月《光明日报》编辑部召开的"艺术形式美"座谈会上的发言摘要，原载《光明日报》1962年1月8日、9日

## 六 ○ 略论文艺与象征

诗人艺术家在这人间世,可具两种态度:醉和醒。醒者张目人间,寄情世外,拿极客观的胸襟"漱涤万物,牢笼百态"(柳宗元语),他的心像一面清莹的镜子,照射到街市沟渠里面的污秽,却同时也映着天光云影,丽日和风!世间的光明与黑暗,人心里的罪恶与圣洁,一体显露,并无差等。所谓"赋家之心,包括宇宙",人情物理,体会无遗。英国的莎士比亚,中国的司马迁,都会留下"一个世界"给我们,使我们体味不尽。他们的"世界"虽是匠心的创造,却都是具有真情实理,生香活色,与自然造化一般无二。

然而他们究竟是大诗人,诗人具有别材别趣,尤贵具有别眼。包括宇宙的赋家之心反射出的仍是一个"诗心"所照临的世界。这个世界尽管十分客观,十分真实,十分清醒,终究蒙上了一层诗心的温情和智慧的光辉,使我们读者走进一个较现实更清朗更生动更深厚的富于启发性的世界。

所以诗人善醒,他能透彻人情物理,把握世界人生真境实相,散布着智慧，那由深心体验所获得的晶莹的智慧。

但诗人更要能醉，能梦。由梦由醉诗人方能暂脱世俗，起俗凡近，深深地深深地坠入这世界人生的一层变化迷离、奥妙惝恍的境地。古诗十九首，空乱道，归趣难穷，读之者回顾踌躇，百端交集，茫茫宇宙，渺渺人生，念天地之悠悠，独怆然而涕下；一种无可奈何的情绪，无可表达的沉思，无可解答的疑问，令人愈体愈深，文艺的境界邻近到宗教境界（欲解脱而不得解脱，情深思苦的境界）。

这样一个因体会之深而难以言传的境地，已不是明白清醒的逻辑文体所能完全表达。醉中语有醒时道不出的。诗人艺术家往往用象征的（比兴的）手法才能传神写照。诗人于此凭虚构象，象乃生生不穷；声调，色彩，景物，奔走笔端，推陈出新，迥异常境。戴叔伦说："诗家之境，如蓝田日暖，良玉生烟，可望而不可置于眉睫之间。"可望而不可置于眉睫之间，就是说艺术的艺境要和吾人具相当距离，迷离惝恍，构成独立自足，刊落凡近的美的意象，才能象征那难以言传的深心里的情和境。

所以最高的文艺表现，宁空毋实，宁醉毋醒。西洋最清醒的古典艺境，希腊雕刻，也要在圆浑的肉体上留有清癯而不十分充满的境地，让人们心中手中波动一痕相思和期待。阿波罗神像在他极端清朗秀美的面庞上仍流动着沉沉的梦意在额眉眼角之间。

杜甫诗云："篇终接混茫"，有尽的艺术形象，须映在"无尽"的和"永恒"的光辉之中，"言在耳目之内，情寄八荒之表"。一切生灭相，都是"永恒"的和"无尽"的象征。屈原、阮籍、左太冲、李白、杜甫，都曾登高远望，情寄八荒。陶渊明诗云："愿言蹑清风，高举寻吾契"，也未尝没有这"登高望所思"（阮籍诗句）的浪漫情调。但是他又说："即事如已高，何必升华嵩？"这却是儒家的古典精神。这和他的"结庐在人境，而无车马喧"，同样表现出他那"即平凡即圣境"的深厚的人生情趣。无怪他"即事多所欣"，而深深地了解孔颜的乐处。

中国的诗人画家善于体会造化自然的微妙的生机动态。徐迪功所谓"朦胧萌圻，浑沌贞粹"的境界，画家发明水墨法，是想追蹑这朦胧萌圻的神化的妙境。米友仁（宋画家）自题蒲湘图："夜雨欲霁，晓烟既泮，则其状类若此。"韦苏州（唐诗人）诗云："微雨夜来过，不知春草生"，都能深入造化之"几"，而以诗画表露出来。这种境界是深静的，是哲理的，是偏于清醒的，和古诗十九首的苍茫踌躇，百端交集，大不相同。然而同是人生的深境，同需要象征手法才能表达出来。

清初叶燮在《原诗》里说得好："要之，作诗者实写理，事情。可以言言，可以解解，即为俗儒之作。唯不可名言之理，不可施见之事，不可经达之情，则幽眇以为理，想象以为事，惝恍以为情，方为理至，事至，情至之语。"又说："可言之理，人人能言之，安在诗人之言。可征之事，人人能述之，又安在诗人之述之，必有不可言之理，不可述之事，遇之于默会意象之表，而理与事无不灿然于前者也"。

他这话已经很透彻地说出文艺上象境境界的必要，以及它的技术,即:"幽眇以为理,想象以为事,惝恍以为情",然后运用声调、词藻、色彩,巧妙地烘染出来,使人默会于意象之表,寄托深而境界美。

原载《观察》第3卷第2期,1947年

## 七 ○ 略谈艺术的"价值结构"

近代美学的开始是笼罩在实验心理学的方法与观点下面，成为心理学的局部。美感过程的描述，艺术创造与艺术欣赏之心理的分析，成为美学的中心事务。而艺术品本身的价值的评判，艺术意义的探讨与发阐，艺术理想的设立，艺术对于人生与文化的地位与影响，这些问题向来是哲学家与批评家所注意的。现在仍是交给哲学家与批评家去发表意见。

但这一些问题可以集中于一个主体问题：这就是艺术这个"价值结构体"的分析与研究。艺术是人类文化创造生活之一部，是与学术道德工艺政治同为实现一种"人生价值"和"文化价值"。普通人说艺术之价值在"美"，就同学术道德之价值在"真"与"善"一样。然自然界现象也表现美，人格个性也表现美。艺术固然美，却不止于美。且有时正在所谓"丑"中表现深厚的意趣，在哀感沉痛中表现缠绵的顽艳。艺术不只是具有美的价值，且富有对人生的意义，深入心灵的影响。艺术至少是三种主要"价值"的结合体：

一、形式的价值。就主观的感受言即"美的价值"。

二、描象的价值。就客观言为"真的价值",就主观感受言,为"生命的价值"(生命意趣之丰富与扩大)。

三、启示的价值。启示宇宙人生之意义之最深的意义与境界,就主观感受言,为"心灵的价值",心灵深度的感动,有异于生命的刺激。

"形""景""情"是艺术的三层结构,现在略略谈述如下:

形式的价值,关于艺术中所谓"形式"之意义与价值,我最近在另一篇文字里(《论中西画法之渊源与基础》,载中央大学《文艺丛刊》第二期)曾有以下的说明,兹引述于此,不再费词:

美术中所谓形式,如数量的比例,形线的排列(建筑),色彩的和谐(绘画),音律的节奏,都是抽象之点线面体或音色等的充织结构,以网罩万物形相及心情诸感,有如细纱面幕,垂佳人之面,使人在摇曳荡漾,似真似幻中窥探真理,引人无穷之思。

但形式的作用尚不止此,可以别为三项:

一、美的形式的组织使一片自然或人生的景象自成一独立的有机体,自构一世界,从吾人实际生活之种种实用关系中超脱自在:"间隔化"是"形式"的重要的消极的功用。

美的对象之第一步需要间隔。图画的框,雕像的石座,堂宇的栏干台阶,剧台的帘幕(新式的配光法及观众坐黑暗中),从窗眼窥青山一角，登高俯瞰黑夜幕罩的灯火街市。这些幻美的境界都是由各种间隔作用造成。

二、美的形式之积极的作用是组织，集合，配置。一言蔽之，是构图。使片景孤境自织成一内在自足的境界，无求于外而自成一意义丰满的小宇宙。要能不待框框已能遗世独立，一顾倾城。

希腊大建筑家以极简单朴质的形体线条构造雅典庙堂，使人千载之下瞻赏之，尤有无穷高远圣美的意境，令人不能为怀。

三、形式之最后与最深的作用，就是它不只是化实相为空灵，引人精神飞越，超入幻美。而尤在它能进一步引人"由幻即真"深入生命节奏的核心。世界上唯有最抽象的艺术形式，如建筑、音乐、舞蹈姿态、中国书法、中国戏面谱、钟鼎彝器的形态花纹，乃最能象征人类不可言不可状之心灵姿式与生命的律动。

每一个伟大的时代，伟大的文化，都欲在实用生活之余裕，或在宗教典礼、庙堂祭祀时，以庄严的建筑、崇高的音乐、闳丽的舞蹈，表达这生命的高潮、一代精神的最深节奏。建筑形体的抽象结构，音乐的节律和谐，舞蹈的线纹姿式，最能表现吾人深心的情调与律动。吾人借此返于"失去了的和谐，埋没了的节奏，重新获得生命的核心，乃得真自由，真解脱，真生命"。

"形式"为美术之所以成为美术的基本条件，独立于科学哲学道德宗教等文化事业外，自成一文化的结构，生命的表现。它不只是实现了"美"的价值，且深深地表达了生命的情调与意味。

然人生仪态万方，宇宙也奇丽诡秘，生命的境界无穷尽，形象的姿式也无穷尽，于是描摹物象以达造化之情，也是艺术的主要事业。

兹一谈艺术中描象的价值。文学绘画雕刻都是描写人物情态形象以寄托遥深的意境。希腊的雕刻保存着希腊人生姿态，莎士比亚的剧本表现着文艺复兴时的人心悲剧。艺术的描摹不是机械的摄影，乃系以象征方式提示人生情景的普遍性。"一朵花中窥见天国，一粒沙中表象世界"，艺术家描写人生万物都是这种象征式的。我们在艺术的描象中可以体验着"人生的意义"。"人心的定律""自然物象最后最深的结构"，就同科学家发现物理的构造与力的定理一样。艺术的里面不只是美，且包含着"真"。

这种"真"的呈露，使我们鉴赏者周历多层的人生境界，扩大心襟，以至于与人类的心灵为一体，没有一丝的人生意味不反射自己心里。

在此已经触到艺术的启示价值。清代大画家恽南田曾对于一幅画景有如是的描写：

谛视斯境，一草，一树，一丘，一壑，皆洁庵灵想所独辟，总非人间所有。其意象在六合之表，荣落在四时之外。

这几句话真说尽艺术所启示的最深境界。艺术的境相本是幻的，所谓"灵想所独辟，总非人间所有。"但它同时却启示了高一级的真实，所谓"意象在六合之表"。古人说："超以象外，得其环中。"借幻境以表现最深的真境，由幻以入真，这种"真"不是普遍的语言文字，也不是科学公式所能表达的真，这只是艺术的"象征力"所能启示的真实。

  真实是超时间的，所以"荣落在四时之外"。艺术同哲学科学宗教一样，也启示着宇宙人生最深的真实，但却是借助于幻想的象征力以诉之于人类的直观的心灵与情绪意境，而"美"是它的附带的"赠品"。

原载《创作与批评》第1卷第2期，1934年

## 八 ○ 技术与艺术

——在复旦大学文史地学会上的演讲

近代的技术,是人类根据科学的知识,应用到实际生活,满足生活的目的和需求的种种发明和机械。艺术则是表现人类对于宇宙人生的情感反应和个性的流露。一方面是实用,一方面是表现;一是偏于物质,一是偏重心灵;一是需要客观的冷静的知识,一是表达主观的热烈的情绪。两者似乎是绝不相谋,有"雅俗之分"。然而我们从历史上和本质上观察它们二者在人类文化整体的地位和关系,可以说:它们二者实可联系成一个文化生活的中轴,而构成文化生活的中心地位,虽非最高最主要的地位(见下图)。

一切有生物在它的生存斗争中，都运用种种技术以达到它的生存目的。如猫之爪，蜂之螫，狮之捕鹿，鹰之啄鱼，都有他的技术。大抵禽兽的技术利用本身上的武器，人类则创造身外的器械来满足生存的需要。故人的技术高于一切动物。这种人类技术的产生，其原因是因为人是直立的动物，能用两手攫取和运用一切身外之物（人的能直立，其进化的历史，是属于人类学的研究，我现在不用谈它）。若就哲学观察来说，因为人是直立的动物，所以能对视整个的世界，能见地上的山川草木，天上的星辰日月，因之人对于世界，能构成一个整个的宇宙观。人类对于世界遂感觉为有条理的有因果的结构。人对于宇宙能有一贯的认识，产生了控制自然和利用物力的手段。人类的世界是客观的、整个的，禽兽的世界是主观的、片面的。人类既知用智力控制宇宙，把握世界，知道用适当的方法，达生活的目的，发明工具，创出人的技术。而思索宇宙全体究竟的哲学思想与欣赏自然整个图画的艺术心灵也就同时产生。

　自1765年瓦特发明蒸汽机以来，人类技术上显明地表示一种划时代的进步。这种大的进步，影响于人类社会上、政治上、经济上，都有很大的变化，于是发生工业革命，造成现代资本主义的社会。因之掀起世界上、国际间、民族间的一切纷争。最初的、原始的世界，仅有无生物同下等的生物。那时候还没有人类，后来不知经过了多少万年的进化，人类产生。自有人类以来，世界遂呈一种巨大的变化。因为人类用工具，以高等的技术，消灭一切其他动物的努力。于是使从前禽兽的世界，变而为人所控制的世界。然自瓦特发明蒸汽机以后，这短短的百余年中，因为机器的发明，技术的猛进，遂使人类文化上、精神上，全受到机器的支配，影响于一切的思想、文学、社会、政治，都发生一种巨大的变动和改革。中国近百年来国际地位的低落，也是受了西洋技术之威胁。就现时的抗战来论，因我们的技术的落后，吃了无数的苦痛。明白这一点，我们应该急起直追，迎头赶上去，努力创造我们的技术。

人类的文化生活，可以分为二方面：一、知的方面，二、行的方面。见图。分述如次：

一、知的方面：我们人类在生活过程中，对于自然有种种的研究，研究的结果，我们得到一种整个系统的知识，于是产生科学及哲学。

二、行的方面：我们因为应用技术来达到生活之目的，不绝地向自然进攻，遂产生物质文明的进步，及合作的有组织的社会。要使人在社会上遵守一定的秩序，乃有法律创制。我们要求法律的执行，遂有政治生活。这种秩序的根据和来源，中西古代的说法各异。中国说是顺天地之则，西洋则以为系上帝所创。我们用形而上的想象及假设来解释形而下的生活原理，宗教问题遂因而产生。中国的礼教谓礼是天地之序，人能顺天地之序即是尽人的责职，故知礼即是中国的宗教。技术是介于科学知识与经济生活之间的东西，是根据科学的知识来满足人类经济及社会需要的。艺术也可说是一种技术，但是它的地位是介乎哲学（人类智慧，宇宙观）与宗教（人生目的，理想，信仰）之间的东西。它不仅对于宇宙有一种了解——在理智的方面，同时另一方面，它还对于宇宙发生信仰——在情感方面，有人说艺术的成分，是以音乐成分的多少来决定其内容及价值（派脱之说——即佩特）。所以我们不妨拿音乐来代表艺术。艺术与技术（工艺）原是不可分的。我们考察古代遗留的器皿，如石器、石斧、玉器、铜器上均雕有工细的花纹，形式亦非常优美。这些玉器、铜器又同时多半是宗教上用的礼器。在这里，技术、艺术、宗教、政治和经济实用都是不可分的。

艺术通常可分为二大类：一、雕刻，图画，建筑。二、音乐，文学，戏剧，舞蹈。形的艺术与音的艺术。而建筑是人应用形象线条构造的美。音乐是用声音节奏构造的美。音乐与建筑，均为不自然的，人造的。所以不自然的艺术和不自然的技术又相通。大自然中的天地山川，均为自然力的表现，这是神所创造的世界。自机器发明以后，整个的地球，都为技术所支配，这是，人所造的宇宙，一个非自然的世界。艺术的美与工艺技术通常看来似乎矛盾冲突，有"雅俗之分"，因为通常以为艺术是有灵魂的、美的、自然的，工艺机器是人为的、粗俗的。但艺术的美也是人为的、非自然的。不过一则偏重实际应用，一则表现自我人格，其为非自然，则是一样。

然而一切优美的艺术又都令人有"自然"之感。就建筑来说，在山明水秀的地方，我们若于适当地点着一亭翼然，我们会感到它融合于自然，以它的线条姿式表出山水的线条姿式来。此亭确为人工造的，而非自然的表现，然而吾人偏能感觉其为自然，这种矛盾的心理的确是很神秘，很微妙的。何以吾人感觉它为自然，而非人工的呢？这不能不归功于古代的人，能了解自然。他们深知每一种不同的山水,均各由其不同的特有之色、线条、结构、灵魂,造成它特殊的风格。恰如每一曲音乐,各有其特殊的调子一样。我们当然不能改变山水,创造山水,但能体验到山水的风格。伟大的建筑家能因山就水,度其形势,创造适合的建筑物,表达出山水的风格,以人为的建筑结构显示出山水的精神灵魂,有画龙点睛之妙。

这种微妙直觉的理论化与迷信化就成为"风水"之说。艺术家以一建筑结构控制自然于一秩序和谐条理之中,犹如科学家的控制自然于一逻辑体系之下。建筑能表现出山水的灵魂,音乐却能以同样抽象的节奏韵律表达出人的灵魂。所以"非自然"的技术、艺术、音乐,均可以再造出自然。技术在人类文化体系中为下层的建筑,艺术则为上层的建筑。由控制物质生活的技术到表现精神生活的艺术,一则是介于科学与经济之间,一则是介于人生智慧——哲学与人生理想——宗教之间,上下层联系构成了人类文化整体的中轴。我们要给与技术以精神的意义,这就是给予美感,如我们古代的工艺——玉器和铜器。(沈业超笔记)

原载《时事新报·学灯》第8期(1938年7月24日)

## 九 ○ 悲剧的与幽默的人生态度

人类社会的法律、习惯、礼教，使人们在和平秩序的保障之下，过一种平凡安逸的生活；使人们忘记了宇宙的神秘，生命的奇迹，心灵内部的诡幻与矛盾。

近代的自然科学更是帮助近代人走向这条平淡幻灭的路。科学欲将这矛盾创新的宇宙也化作有秩序、有法律、有礼教的大结构，像我们理想的人类社会一样，然后我们更觉安然！

然而人类史上向来就有一些不安分的诗人、艺术家、先知、哲学家等，偏要化腐朽为神奇、在平凡中惊异，在人生的喜剧里发现悲剧，在和谐的秩序里指出矛盾，或者以超脱的态度守着一种"幽默"。

但生活严肃的人，怀抱着理想，不愿自欺欺人，在人生里面体验到不可解救的矛盾，理想与事实的永久冲突。然而愈矛盾则体验愈深，生命的境界愈丰满浓郁，在生活悲壮的冲突里显露出人生与世界的"深度"。

所以悲剧式的人生与人类的悲剧文学使我们从平凡安逸的生活

形式中重新识察到生活内部的深沉冲突，人生的真实内容是永远的奋斗，是为了超个人生命的价值而挣扎，毁灭了生命以殉这种超生命的价值，觉得是痛快，觉得是超脱解放。

大悲剧作家席勒（Schiller）说："生命不是人生最高的价值。"这是"悲剧"给我们最深的启示。悲剧中的主角是宁愿毁灭生命以求"真"，求"美"，求"权力"，求"神圣"，求"自由"，求人类的上升，求最高的善。在悲剧中，我们发现了超越生命的价值的真实性，因为人类曾愿牺牲生命、血肉及幸福，以证明它们的真实存在。果然，在这种牺牲中人类自己的价值升高了，在这种悲剧的毁灭中人生显露出"意义"了。

肯定矛盾，殉于矛盾，以战胜矛盾，在虚空毁灭中寻求生命的意义，获得生命的价值，这是悲剧的人生态度！

另一种人生态度则是以广博的智慧照瞩宇宙间的复杂关系，以深挚的同情了解人生内部的矛盾冲突。在伟大处发现它的狭小，在渺小里却也看到它的深厚，在圆满里发现它的缺憾，但在缺憾里也找出它的意义。于是以一种拈花微笑的态度同情一切；以一种超越的笑，了解的笑，含泪的笑，悯然的笑，包容一切以超脱一切，使灰色黯淡的人生也罩上一层柔和的金光。觉得人生可爱，可爱处就在它的渺小处、矛盾处，就同我们欣赏小孩儿们的天真烂漫的自私，使人心花开放，不以为忤。

这是一种所谓幽默（humour）的态度。真正的幽默是平凡渺小里发掘价值。以高的角度测量那"煊赫伟大"的，则认识它不过如此。

以深的角度窥探"平凡渺小"的,则发现它里面未尝没有宝藏。一种愉悦,满意,含笑,超脱,支配了幽默的心襟。

"幽默"不是谩骂,也不是讥刺。幽默是冷隽,然而在冷隽背后与里面有"热"(林琴南译迭更司的《块肉余生》里富有真的幽默。——编者注:即狄更斯的《大卫·科波菲尔》)

悲剧和幽默都是"重新估定人生价值"的,一个是肯定超越平凡人生的价值,一个是在平凡人生里肯定深一层的价值,两者都是给人生以"深度"的。

莎士比亚以最客观的慧眼笼罩人类,同情一切,他是最伟大的悲剧家,然而他的作品里充满着何等丰富深沉的"黄金的幽默"。

以悲剧情绪透入人生,

以幽默情绪超脱人生,

是两种意义的人生态度。

原载南京《中国文学》创刊号,1934年1月

# 十 中国美学史中重要问题的初步探索

## 一、引言——中国美学史的特点和学习方法

**1.学习中国美学史有特殊的优点和特殊的困难**

我们学习中国美学史,要注意它的特点:

一、中国历史上,不但在哲学家的著作中有美学思想,而且在历代的著名的诗人、画家、戏剧家……所留下的诗文理论、绘画理论、戏剧理论、音乐理论、书法理论中,也包含有丰富的美学思想,而且往往还是美学思想史中的精华部分。这样,学习中国美学史,材料就特别丰富,牵涉的方面也特别多。

二、中国各门传统艺术(诗文、绘画、戏剧、音乐、书法、建筑)不但都有自己独特的体系,而且各门传统艺术之间,往往互相影响,甚至互相包含(例如诗文、绘画中可以找到园林建筑艺术所给予的美感或园林建筑要求的美,而园林建筑艺术又受诗歌绘画的影响,具有诗情画意)。因此,各门艺术在美感特殊性方面,在审美观方

面,往往可以找到许多相同之处或相通之处。

充分认识以上特点,便可以明白,学习中国美学史,有它的特殊的困难条件,有它的特殊的优越条件,因而也就有特殊的趣味。

## 2.学习中国美学史在方法上要注意的问题

学习中国美学史,在方法上要掌握魏晋六朝这一中国美学思想大转折的关键。这个时代的诗歌、绘画、书法,例如陶潜、谢灵运、顾恺之、钟繇、王羲之等人的作品,对于唐以后的艺术的发展有着极大的开启作用。而这个时代的各种艺术理论,如陆机《文赋》、刘勰《文心雕龙》、钟嵘《诗品》、谢赫《古画品录》里的《绘画六法》,更为后来文学理论和绘画理论的发展奠定了基础。因此过去对于美学史的研究,往往就从这个时代开始,而对于先秦和汉代的美学思想几乎很少接触。但是中国从新石器时代以来一直到汉代,这一漫长的时间内,的确存在过丰富的美学思想,这些美学思想有着不同于六朝以后的特点。我们在《诗经》《易经》《乐记》《论语》《孟子》《荀子》《老子》《庄子》《墨子》《韩非子》《淮南子》《吕氏春秋》,以至《汉赋》中,都可发现这样的资料。特别是近年来考古发掘方面有极伟大的新成就(参看夏鼐:《新中国的考古收获》)。大量的出土文物器具给我们提供了许多新鲜的古代艺术形象,可以同原有的古代文献资料互相印证,启发或加深我们对原有文献资料的认识。因此在学习中国美学史时,要特别注意考古学和古文字学的成果。从美学的角度对这些成果加以分析和研究,将提供许多新的资料的新的启发，使美学史的研究可以从六朝再往上推，以弥补美学史研究中这一段重要的空白。

## 二、先秦工艺美术和古代哲学、文学中所表现的美学思想

### 1.把哲学、文学著作和工艺、美术品联系起来研究

中国先秦出了许多著名的哲学家。他们不可能不谈到美的问题，也不可能不发表对于艺术的见解。尤其是庄子，往往喜欢用艺术做比喻说明他的思想。孔子也曾经用绘画来比喻礼，用雕刻来比喻教育，孟子对美下了定义。《吕氏春秋》《淮南子》谈到音乐。《礼记·乐记》更提供了一个相当完整的美学思想体系。

但是仅仅限于文字，我们对于这些古代思想家的美学思想往往了解得不具体，因而不深刻，我们应该结合古代的工艺品、美术品来研究。例如，结合汉代壁画和古代建筑来理解汉朝人的赋，结合发掘出来的编钟来理解古代的乐律，结合楚墓中极其艳丽的图案来理解《楚辞》的美，等等。这种结合研究所以是必要的，一方面是因为古代劳动人民创造工艺品时不单表现了高度技巧，而且表现了他们的艺术构思和美的理想（表现了工匠自己的美学思想）。像马克思所说，他们是按照美的规律来创造的；另方面是因为古代哲学家的思想，无论在表面上看来是多么虚幻（如庄子），但严格讲起来都是对当时现实社会、对当时的实际的工艺品、美术品的批评。因此脱离当时的工艺美术的实际材料，就很难透彻理解他们的真实思想。

恩格斯说过："原则不是研究的出发点，而是它的最终结果；这些原则不是被应用于自然界和人类历史，而是从它们中抽象出来的；不是自然界和人类去适应原则，而是原则只有在适合于自然界和历史的情况下才是正确的。"（《反杜林论》第32页）毛主席也说："我们讨论问题，应当从实际出发，不是从定义出发。"（《毛泽东选集》第三卷，第875页）我们现在来研究中国美学史，应该努力运用经典作家所指示的这种理论联系实际的科学的研究方法。

### 2.错采镂金的美和芙蓉出水的美

鲍照比较谢灵运的诗和颜延之的诗，谓谢诗如"初发芙蓉，自然可爱"，颜诗则是"铺锦列绣，雕缋满眼"。《诗品》："汤惠休曰：谢诗如芙蓉出水，颜诗如错采镂金。颜终身病之。"（见钟嵘《诗品》《南史·颜延之传》）这可以说是代表了中国美学史上两种不同的美感或美的理想。

这两种美感或美的理想，表现在诗歌、绘画、工艺美术等各个方面。

楚国的图案、楚辞、汉赋、六朝骈文、颜延之诗、明清的瓷器，一直存在到今天的刺绣和京剧的舞台服装，这是一种美，"镂金错采、雕缋满眼"的美。汉代的铜器、陶器、王羲之的书法、顾恺之的画、陶潜的诗、宋代的白瓷，又是一种美，"初发芙蓉，自然可爱"的美。

魏晋六朝是一个转变的关键，划分了两个阶段。从这个时候起，中国人的美感走到了一个新的方面，表现出一种新的美的理想。那就是认为"初发芙蓉"比之于"镂金错采"是一种更高的美的境界。在艺术中,要着重表现自己的思想,自己的人格,而不是追求文字的雕琢。陶潜作诗和顾恺之作画,都是突出的例子。王羲之的字,也没有汉隶那么整齐,那么有装饰性,而是一种"自然可爱"的美。这是美学思想上的一个大的解放。诗、书、画开始成为活泼泼的生活的表现,独立的自我表现。

这种美学思想的解放在先秦哲学家那里就有了萌芽。从三代铜器那种整齐严肃、雕工细密的图案,我们可以推知先秦诸子所处的艺术环境是一个"镂金错采、雕缋满眼"的世界。先秦诸子对于这种艺术境界各自采取了不同的态度。一种是对这种艺术取否定的态度。如墨子,认为是奢侈、骄横、剥削的表现,使人民受痛苦,对国家没有好处,所以他"非乐",即反对一切艺术。又如老庄,也否定艺术。庄子重视精神,轻视物质表现。老子说:"五音令人耳聋,五色令人目盲"。另一种对这种艺术取肯定的态度,这就是孔孟一派。艺术表现在礼器上、乐器上。孔孟是尊重礼乐的。但他们也并非盲目受礼乐控制,而要寻求礼乐的本质和根源,进行分析批判。总之,不论肯定艺术还是否定艺术,我们都可以看到一种批判的态度,一种思想解放的倾向。这对后来的美学思想,有极大的影响。

但是实践先于理论,工匠艺术家更要走在哲学家的前面。先在艺术实践上表现出一个新的境界,才有概括这种新境界的理论。现在我们有一个极珍贵的出土铜器,证明早于孔子一百多年,就已从"镂金错采、雕缋满眼"中突出一个活泼、生动、自然的形象,成为一种独立的表现，把装饰、花纹、图案丢在脚下了。这个铜器叫"莲鹤方壶"。它从真实自然界取材，不但有跃跃欲动的龙和螭，而且还出现了植物：莲花瓣。表示了春秋之际造型艺术要从装饰艺术独立出来的倾向。尤其顶上站着一个张翅的仙鹤象征着一个新的精神，一个自由解放的时代（原列故宫太和殿，现列国家博物馆）。

郭沫若对于此壶曾作了很好的论述：

此壶全身均浓重奇诡之传统花纹，予人以无名之压迫，几可窒息。乃于壶盖之周骈列莲瓣二层，以植物为图案，器在秦汉以前者，已为余所仅见之一例。而于莲瓣之中央复立一清新俊逸之白鹤，翔其双翅，单其一足，微隙其喙作欲鸣之状，余谓此乃时代精神之一象征也。此鹤初突破上古时代之鸿蒙，正踌躇满志，睥睨一切，践踏传统于其脚下，而欲作更高更远之飞翔。此正春秋初年由殷周半神话时代脱出时，一切社会情形及精神文化之一如实表现。（《殷周青铜器铭文研究》）

这就是艺术抢先表现了一个新的境界，从传统的压迫中跳出来。对于这种新的境界的理解，便产生出先秦诸子的解放的思想。

上述两种美感，两种美的理想，在中国历史上一直贯穿下来。

六朝的镜铭："鸾镜晓匀妆，慢把花钿饰。真如绿水中，一朵芙蓉出。"（《金石索》）在镜子的两面就表现了两种不同的美。后来宋词人李德润也有这样的句子："强整娇姿临宝镜，小池一朵芙蓉。"被况周颐评为"佳句"（《蕙风词话》）。

钟嵘很明显赞美"初发芙蓉"的美。唐代更有了发展。唐初四杰，还继承了六朝之华丽，但已有了一些新鲜空气。经陈子昂到李太白，就进入了一个精神上更高的境界。李太白诗："清水出芙蓉，天然去雕饰"，"自从建安来，绮丽不足珍。圣代复元古，垂衣贵清真"。"清真"也就是清水出芙蓉的境界。杜甫也有"直取性情真"的诗句。司图空《诗品》虽也主张雄浑的美，但仍倾向于"清水出芙蓉"的美："生气远出，妙造自然。"宋代苏东坡用奔流的泉水来比喻诗文。他要求诗文的境界要"绚烂之极归于平淡"，即不是停留在工艺美术的境界，而要上升到表现思想情感的境界。平淡并不是枯淡，中国向来把"玉"作为美的理想。玉的美，即"绚烂之极归于平淡"的美。可以说，一切艺术的美，以至于人格的美，都趋向玉的美：内部有光彩，但是含蓄的光彩，这种光彩是极绚烂，又极平淡。苏轼又说："无穷出清新。""清新"与"清真"也是同样的境界。

　　清代刘熙载《艺概》也认为这两种美应"相济有功。"即形式的美与思想情感的表现结合，要有诗人自己的性格在内。近代王国维《人间词话》提出诗的"隔"与"不隔"之分。清真清新如陶谢便是"不隔"，雕缋雕琢如颜延之便是"隔"。"池塘生春草"好处就在"不隔"。而唐代李商隐的诗则可说是一种"隔"的美。

　　这条线索，一直到现在还是如此。我们京剧舞台上有浓厚的彩色的美，美丽的线条，再加上灯光，十分动人。但艺术家不停留在这境界，要如仙鹤高飞，向更高的境界走，表现出生活情感来。我们人民大会堂的美也可以说是绚烂之极归于平淡。这是美感的深度问题。

这两种美的理想，从另一个角度看，正是艺术中的美和真、善的关系问题。

艺术的装饰性，是艺术中美的部分。但艺术不仅满足美的要求，而且满足思想的要求，要能从艺术中认识社会生活、社会阶级斗争和社会发展规律。艺术品中本来有这两个部分：思想性和艺术性。真、善、美，这是统一的要求。片面强调美，就走向唯美主义；片面强调真，就走向自然主义。这种关系，在古代艺术家（工匠）那里，主要就是如何把统治阶级的政治含义表现美，即把器具装饰起来以达到政治的目的。另方面，当时的哲学家、思想家在对于这些实际艺术品的批判时，也就提供了关于美同真、善的关系的不同见解。如孔子批判其过分装饰，而要求教育的价值；老庄讲自然，根本否定艺术，要求放弃一切的美，归真返朴；韩非子讲法，认为美使人心动摇、浪漫，应该反对；墨子反对音乐，认为音乐引导统治阶级奢侈、不顾人民痛苦，认为美和善是相违反的。

### 3.虚和实（一）《考工记》

先秦诸子用艺术作譬喻来说明他们的哲学思想，反过来，他们的哲学思想对后代艺术的发展也起很大影响。我们提出其中最重要的一个观念，即虚和实的观念，结合这一观念在以后的发展来谈一谈。

《考工记·梓人为筍虡》章已经启发了虚和实的问题。钟和磬的声音本来已经可以引起美感，但是这位古代的工匠在制作筍虡时却不是简单地做一个架子就算了，他要把整个器具作为一个统一的形象来进行艺术设计。在鼓下面安放着虎豹等猛兽，使人听到鼓声，同时看见虎豹的形状，两方面在脑中虚构结合，就好像是虎豹在吼叫一样。这样一方面木雕的虎豹显得更有生气，而鼓声也形象化了，格外有情味，整个艺术品的感动力量就增加了一倍。在这里艺术家创造的形象是"实"，引起我们的想象是"虚"，由形象产生的意象境界就是虚实的结合。一个艺术品，没有欣赏者的想象力的活跃，是死的，没有生命。一张画可使你神游，神游就是"虚"。

《考工记》所表现的这种虚实结合的思想，是中国艺术的一个特点。中国画很重视空白。如马远就因常常只画一个角落而得名"马一角"，剩下的空白并不填实，是海，是天空，却并不感到空。空白处更有意味。中国书家也讲究布白，要求"计白当黑"。中国戏曲舞台上也利用虚空，如"刁窗"，不用真窗，而用手势配合音乐的节奏来表演，既真实又优美。中国园林建筑更是注重布置空间、处理空间。这些都说明，以虚带实，以实带虚，虚中有实，实中有虚，虚实结合，这是中国美学思想中的核心问题。

虚和实的问题，这是一个哲学宇宙观的问题。

这可以分成两派来讲。一派是孔孟，一派是老庄。老庄认为虚比真实更真实，是一切真实的原因，没有虚空存在，万物就不能生长，就没有生命的活跃。儒家思想则从实出发，如孔子讲"文质彬彬"，一方面内部结构好，一方面外部表现好。孟子也说"充实之谓美"。但是孔孟也并不停留于实，而是要从实到虚，发展到神妙的意境："充实而有光辉之谓大，大而化之之谓圣，圣而不可知之之谓神。"

圣而不可知之,就是虚;只能体会,只能欣赏,不能解说,不能摹仿,谓之神。所以孟子与老庄并不矛盾。他们都认为宇宙是虚和实的结合,也就是《易经》上的阴阳结合。《易·系辞传》:"易之为书也不可远,为道也累迁,变动不居,周流六虚。"世界是变的,而变的世界对我们最显著的表现,就是有生有灭,有虚有实,万物在虚空中流动、运化,所以老子说:"有无相生","虚而不屈,动而愈出。"

这种宇宙观表现在艺术上,就要求艺术也必须虚实结合,才能真实地反映有生命的世界。中国画是线条,线条之间就是空白。石涛的巨幅画《搜尽奇峰打草稿》(故宫藏),越满越觉得虚灵动荡,富有生命,这就是中国画的高妙处。六朝庾子山的小赋也有这种情趣。

### 4.虚和实(二)化景物为情思

上面讲了虚实问题的一个方面,即思想家认为客观现实是个虚实结合的世界,所以反映为艺术,也应该虚实结合,才有生命。现在再讲虚实问题的另一个方面,即思想家还认为艺术要主观和客观相结合,才能创造美的形象。这就是化景物为情思的思想。

宋人范晞文《对床夜语》说:"不以虚为虚,而以实为虚,化景物为情思,从首至尾,自然如行云流水,此其难也。"

化景物为情思,这是对艺术中虚实结合的正确定义。以虚为虚,就是完全的虚无;以实为实,景物就是死的,不能动人;唯有以实为虚,化实为虚,就有无穷的意味,幽远的境界。

清人笪重光《画筌》说:"实景清而空景现","真境逼而神境生"。"虚实相生，无画处皆成妙境。"清人邹一桂《小山画谱》说："实者逼肖，则虚者自出"。这些话也是对于虚实结合的很好说明。艺术通过逼真的形象表现出内在的精神，即用可以描写的东西表达出不可以描写的东西。

我们举一些实例来说明这个问题。

《三岔口》这出京戏，并不熄掉灯光，但夜还是存在的。这里夜并非真实的夜，而是通过演员的表演在观众心中引起虚构的黑夜，是情感思想中的黑夜。这是一种"化景物为情思"。

《梁祝相送》可以不用布景，而凭着演员的歌唱、谈话、姿态表现出四周各种多变的景致。这景致在物理学上不存在，在艺术上却是存在的，这是"无画处皆成妙境"。这不但表现出景物，更重要的结合着表现了内在的精神。因此就不是照相的真实，而是挖掘得很深的核心的真实。这又是一种"化景物为情思"。

《史记·封禅书》写海外三神山，用虚虚实实的文笔，描写空灵动荡的风景，同时包含着对汉武帝的讽刺。作家要表现的历史上真实的事件，却用了一种不易捉摸的文学结构，以寄托他自己的情感、思想、见解。这是"化景物为情思"，表现出司马迁的伟大艺术天才。

范晞文《对床夜语》论杜甫诗："老杜多欲以颜色字置第一字，却引实事来。如'红入桃花嫩，青归柳叶新'是也。不如此，则语既弱而气亦馁。""红"本属于客观景物，诗人把它置第一字，就成了感觉、情感里的"红"。它首先引起我的感觉情趣，由情感里的"红"再进一步见到实在的桃花。经过这样从情感到实物，"红"就加重了，提高了。实化成虚，虚实结合，情感和景物结合，就提高了艺术的境界。

诗人欧阳修有首诗："夜凉吹笛千山月，路暗迷人百种花。棋罢不知人换世，酒阑无赖客思家。"这里情感好比是水，上面飘浮着景物。一种忧郁美丽的基本情调，把几种景致联系了起来。化实为虚，化景物为情思，于是成就了一首空灵优美的抒情诗。

《诗经·硕人》："手如柔荑，肤如凝脂，领如蝤蛴，齿如瓠犀，螓首娥眉，巧笑倩兮，美目盼兮。"前五句堆满了形象，非常"实"，是"镂金错采、雕缋满眼"的工笔画。后二句是白描，是不可捉摸的笑，是空灵，是"虚"。这二句不用比喻的白描，使前面五句形象活动起来了。没有这二句，前面五句可以使人感到是一个庙里的观音菩萨。有了这二句，就完成了一个如"初发芙蓉，自然可爱"的美人形象。

近人王蕴章《燃腊余韵》载："女士林韫林，福建莆田人，暮春济宁（山东）道上得诗云：'老树深深俯碧泉，隔林依约起炊烟。再添一个黄鹂语，便是江南二月天。'有依此绘一便面（扇面）者，韫林曰：'画固好，但添个黄鹂，便失我言外之情矣。'"在这里，诗的末二句是由景物所生起之"情思"，得此二句遂能化景物为情思，完成诗境，亦即画境进入诗境。诗境不能完全画出来，此乃"诗"与"画"的区别所在。画实而诗为画中之虚。虚与实，画与诗，可以统一而非同一。

以上所说化景物为情思、虚实结合，在实质上就是一个艺术创造的问题。艺术是一种创造,所以要化实为虚,把客观真实化为主观的表现。清代画家方士庶说:"山川草木,造化自然,此实境也;画家因心造境,以手运心,此虚境也。虚而为实,在笔墨有无间。"(《天慵庵随笔》)这就是说,艺术家创造的境界尽管也取之于造化自然,但他在笔墨之间表现了山苍木秀、水活石润,是在天地之外别构一种灵奇,是一个有生命的、活的,世界上所没有的新美、新境界。凡真正的艺术家都要做到这一点,虽然规模大小不同,但都必须有新的东西,新的体会,新的看法,新的表现,他的作品才能丰富世界,才有价值,才能流传。

**5.《易经》的美学(一)贲卦**

《易经》是儒家经典,包含了宝贵的美学思想。如《易经》有六个字:"刚健、笃实、辉光",就代表了我们民族一种很健全的美学思想。《易经》的许多卦,也富有美学的启发,对于后来艺术思想的发展很有影响。六朝刘勰《文心雕龙·情采篇》说:"是以衣锦褧衣,恶文太章,贲象穷白,贵乎反本。"又《征圣篇》说:"文章昭晰以象'离'。""贲"和"离"都是易经里的卦名。这位伟大的文学理论家从易卦里也得到美学思想的启发。所以我也不放弃在这里面探索一下中国古代美学思想。

我们先介绍"贲"卦的美学。总起来说,贲卦讲的是一个文与质的关系问题。

贲䷕ 贲者饰也,用线条勾勒出突出的形象。这同中国古代绘画思想有联系。《论语》记孔子的话："绘事后素。"（郑康成注："绘画，文也。凡绘画先布众色，然后以素分布其间，以成其文。"）《韩非子》记"客有为周君画荚者"的故事，都说明中国古代绘画十分重视线条，这对我们理解贲卦有帮助。现在我们分三点来谈一谈贲卦的美学思想。

一、象曰："山下有火"。夜间山上的草木在火光照耀下，线条轮廓突出，是一种美的形象。"君子以明庶政"，是说从事政治的人有了美感，可以使政治清明。但是判断和处理案件却不能根据美感，所以说"无敢折狱"。这表明了美和艺术（文饰）在社会生活中的价值和局限性。

二、王廙（王羲之的叔父）曰："山下有火，文相照也。夫山之为体，层峰峻岭，峭崄参差，直置其形，已如雕饰，复加火照，弥见文章，贲之象也。"（李鼎祚《周易集解》）美首先用于雕饰，即雕饰的美。但经火光一照，就不只是雕饰的美，而是装饰艺术进到独立的艺术——文章。文章是独立纯粹的艺术。在火光照耀下，山岭形象有一部分突出，一部分看不见，这好像是艺术的选择。由雕饰的美发展到了以线条为主的绘画的美，更提高了艺术家的创造性，更能表现艺术家自己的情感。王廙的时代正是山水画萌芽的时代，他上述的话，表明中国画家已在山水里头见到文章了。这是艺术思想的重要发展。

唐人张彦远《历代名画记》：唐以前山水大抵"群峰之势，若钿饰、犀栉，或水不容泛，或人大于山""石则务于雕透，如冰澌斧刃，绘树则刷脉镂叶，多栖梧宛柳，功倍愈拙，不胜其色。"这是批评当时的山水画停留在雕琢的美，而没有用人的诗的境界来加以概括，使山水成为一首诗，一篇文章。这同样表示了艺术思想的发展，要求像火光的照耀作用一样，用人的精神对自然山水加以概括，组织成自己的文章，从雕饰的美，进到绘画的美。

三、我们在前面讲到过两种美感、两种美的理想：华丽繁富的美和平淡素净的美。贲卦中也包含了这两种美的对立。"上九，白贲，无咎。"贲本来是斑纹华采，绚烂的美。白贲，则是绚烂又复归于平淡。所以荀爽说："极饰反素也。"有色达到无色，例如山水花卉画最后都发展到水墨画，才是艺术的最高境界。所以《易经》杂卦说："贲，无色也。"这里包含了一个重要的美学思想，就是认为要质地本身放光，才是真正的美。所谓"刚健、笃实、辉光"，就是这个意思。

这种思想在中国美学史上影响很大。像六朝人的四六骈文、诗中的对句、园林中的对联，讲究华丽词藻的雕饰，固是一种美，但向来被认为不是艺术的最高境界。要自然、朴素的白贲的美才是最高的境界。汉刘向《说苑》：孔子卦得贲，意不平，子张问，孔子曰："贲，非正色也，是以叹之"，"吾闻之，丹漆不文，白玉不雕，宝珠不饰。何也？质有余者，不受饰也。"最高的美，应该是本色的美，就是白贲。刘熙载《艺概》说："白贲占于贲之上爻，乃知品居极上之文，只是本色。"所以中国人的建筑，在正屋之旁，要有自然可爱的园林；中国人的画，要从金碧山水，发展到水墨山水；中国人作诗作文，要讲究"绚烂之极，归于平淡"。所有这些，都是为了追求一种较高的艺术境界,即白贲的境界。白贲,从欣赏美到超脱美,所以是一种扬弃的境界,刘勰《文心雕龙》里说:"衣锦褧文,恶文太章,贲象穷白,贵乎反本。"(按《中庸》:"衣锦尚䌹,恶其文太著也。")这也是贲卦在后代确实起了美学的指导作用的证明。

### 6.《易经》的美学(二)离卦

离 ䷝　离卦和中国古代工艺美术、建筑艺术都有联系,同时也表明了古代艺术和生产劳动之间的联系。我们分四点对离卦的美学作一简单说明:

一、离者丽也。古人认为附丽在一个器具上的东西是美的。离,既有相遇的意思,又有相脱离的意思,这正是一种装饰的美。这可以见到离卦的美是同古代工艺美术相联系的。工艺美术就是器。器是人类的创造,如马克思所指出的,它包含了人类的本质力量,是一本打开了的人类的心理学。所以器具的雕饰能够引起美感。附丽和美丽的统一,这是离卦的一个意义。

二、离也者,明也。"明"古字,一边是月,一边是窗。月亮照到窗子上,是为明。这是富有诗意的创造。而离卦本身形状雕空透明,也同窗子有关。这说明离卦的美学和古代建筑艺术思想有关。人与外界既有隔又有通,这是中国古代建筑艺术的基本思想。有隔有通,这就依赖着雕空的窗门。这就是离卦包含的又一个意义。有隔有通,也就是实中有虚。这不同于埃及金字塔及希腊神庙等的团块造型。中国人要求明亮,要求与外面广大世界相交通。如山西晋祠,一座大殿完全是透空的。《汉书》记载武帝建元元年有学者名公玉带，上黄帝时明堂图，谓明堂中有四殿，四面无壁，水环宫垣，古语"堂厦"。"厦"即四面无墙的房子。这说明离卦的美学乃是虚实相生的美学，乃是内外通透的美学。

三、丽者并也。丽加人旁，成俪，即并偶的意思。即两个鹿并排在山中跑。这是美的景象。在艺术中，如六朝骈俪文，如园林建筑里的对联，如京剧舞台上的形象的对比、色彩的对称等，都是并俪之美。这说明离卦又包含有对偶、对称、对比等对立因素可以引起美感的思想。

四、《易·系辞下传》："作结绳而为网罟，以佃以渔，盖取诸离。"这是一种唯心主义的颠倒。我们把它倒转过来，就可以看出，古人关于离卦的思想，同生产工具的网有关。网，能使万物附丽在网上（网，古人觉得是美的，古代陶器上常以网纹为装饰），同时据此发挥了离卦以附丽为美的思想，以通透如网孔为美的思想。妇人用面网，也同时有作为美饰的意思。

《易经》中的咸卦䷞也同美学有关。限于篇幅，我们不作介绍了。

在这个题目结束的时候，我们介绍两篇文章，以说明先秦文学艺术和美学思想所以能够发达的社会政治背景。一篇是章学诚《文史通义·诗教》（上、下），他指出当时文学的发达同纵横家在当时政治斗争中的活动有关；一篇是刘师培《论文杂记》，他指出春秋战国文学的发达同当时统治阶级中"行人之官"（外交使节）的活动有关。

复杂的政治斗争丰富了他们的经验，增加了他们的见识，锻炼了他们的才能，因此他们能写出那样好的文章诗赋。这两篇文章的分析不能说完全周到，但是可以供我们参考。

## 三、中国古代的绘画美学思想

### 1.从线条中透露出形象姿态

我们以前讲过，埃及、希腊的建筑、雕刻是一种团块的造型。米开朗基罗说过：一个好的雕刻作品，就是从山上滚下来滚不坏的。他们的画也是团块。中国就很不同。中国古代艺术家要打破这团块，使它有虚有实，使它疏通。中国的画，我们前面引过《论语》"绘事后素"的话以及《韩非子》"客有为周君画荚者"的故事，说明特别注意线条，是一个线条的组织。中国雕刻也像画，不重视立体性，而注重在流动的线条[①]。中国的建筑，我们以前已讲过了。中国戏曲的程式化，就是打破团块，把一整套行动，化为无数线条，再重新组织起来，成为一个最有表现力的美的形象。翁偶虹介绍郝寿臣所说的表演艺术中的"叠折儿"说：折儿是从线条中透露出形象姿态的意思。这

---

[①] 注：中国古代的绘画和雕刻是一致的。（畫，即古"画"字，郭沫若认为下面不是"田"字，是个"周"字，"周"就是"琱"。可见古代的画，就是琱，画与琱打成一片。）这一点，希腊也是同样。不过希腊的绘画和雕刻是统一于雕刻，中国则统一于绘画。敦煌的雕塑，背后就有美丽的壁画，雕塑的线条色彩和背后壁画的线条色彩是分不开的，雕塑本身就构成为壁画的一个部分。

个特点正可以借来表明中国画以至中国雕刻的特点。中国的"形"字旁就是三根毛，以三根毛来代表形体上的线条。这也说明中国艺术的形象的组织是线纹。

由于把形体化成为飞动的线条，着重于线条的流动，因此使得中国的绘画带有舞蹈的意味。这从汉代石刻画和敦煌壁画（飞天）可以看得很清楚。有的线条不一定是客观实在所有的线条，而是画家的构思、画家的意境中要求一种有节奏的联系。例如东汉石画像上一幅画，有两根流动的线条就是画家凭空加上的。这使得整个形象表现得更美，同时更深一层地表现内容的内部节奏。这好比是舞台上的伴奏音乐。伴奏音乐烘托和强化舞蹈动作，使之成为艺术。用自然主义的眼光是不可能理解的。

荷兰大画家伦勃朗是光的诗人。他用光和影组成他的画，画的形象就如同从光和影里凸出的一个雕刻。法国大雕刻家罗丹的韵律也是光的韵律。中国画却是线的韵律，光不要了，影也不要了。"客有为周君画荚者"的故事中讲的那种漆画，要等待阳光从一定角度的照射，才能突出形象，在韩非子看来，价值就不高，甚至不能算作画了。

从中国画注重线条，可以知道中国画的工具——笔墨的重要，中国的笔发达很早，殷代已有了笔，仰韶文化的陶器上已经有用笔画的鱼。在楚国墓中也发现了笔，中国的笔有极大的表现力，因此笔墨二字，不但代表绘画和书法的工具，而且代表了一种艺术境界。

我国现存的一幅时代古老的画，是1949年长沙出土的晚周帛画。对于这幅画，郭沫若作了这样极有诗意的解释：

画中的凤与夔，毫无疑问是在斗争。夔的唯一的一只脚伸向凤颈抓拿，凤的前屈的一只脚也伸向夔腹抓拿。夔是死沓沓地绝望地拖垂着的，凤却矫健鹰扬地呈现着战胜者的神态。

的确，这是善灵战胜了恶灵，生命战胜了死亡，和平战胜了灾难。这是生命胜利的歌颂，和平胜利的歌颂。

画中的女子，我觉得不好认为巫女。那是一位很现实的正常女人的形象，并没有什么妖异的地方。从画中的位置看来，女子是分明站在凤鸟一边的。因此我们可以肯定地说，画的意义是一位好心肠的女子，在幻想中祝祷着：经过斗争的生命的胜利、和平的胜利。

画的构成很巧妙地把幻想与现实交织着，充分表现着战国时代的时代精神。

虽然规模有大小的不同，和屈原的《离骚》的构成有异曲同工之妙。但比起《离骚》来，意义却还要积极一些：因为这里有斗争，而且有斗争必然胜利的信念。画家无疑是有意识地构成这个画面的，不仅布置匀称，而且意象轩昂。画家是站在时代的焦点上，牢守着现实的立场，虽然他为时代所限制，还没有可能脱尽古代的幻想。

这是中国现存的最古的一幅画，透过两千年的岁月的铅幕，我们听出了古代画工的搏动着的心音。（《文史论集》第296—297页）

现在我们要注意的是，这样一幅表现了战国时代的时代精神的含义丰富的画，它的形象正是由线条组成的。换句话说，它是凭借中国画的工具——笔墨而得到表现的。

### 2. 气韵生动和迁想妙得（见洛阳西汉墓壁画）

六朝齐的谢赫，在《古画品录》序中提出了绘画"六法"，成为中国后来绘画思想、艺术思想的指导原理。"六法"就是：一、气韵生动，二、骨法用笔，三、应物象形，四、随类赋彩，五、经营位置，六、传移模写。

希腊人很早就提出"模仿自然"。谢赫"六法"中的"应物象形"、"随类赋彩"是模仿自然，它要求艺术家睁眼看世界：形象、颜色，并把它表现出来。但是艺术家不能停留在这里，否则就是自然主义。艺术家要进一步表达出形象内部的生命，这就是"气韵生动"的要求。气韵生动，这是绘画创作追求的最高目标，最高的境界，也是绘画批评的主要标准。

气韵，就是宇宙中鼓动万物的"气"的节奏、和谐。绘画有气韵，就能给欣赏者一种音乐感。六朝山水画家宗炳，对着山水画弹琴，"欲令众山皆响"，这说明山水画里有音乐的韵律。明代画家徐渭的《驴背吟诗图》，使人产生一种驴蹄行进的节奏感，似乎听见了驴蹄的的答答的声音。这是画家微妙的音乐感觉的传达。其实不单绘画如此，中国的建筑、园林、雕塑中都潜伏着音乐感——即所谓"韵"。西方有的美学家说：一切的艺术都趋向于音乐。这话是有部分的真理的。

再说"生动"。谢赫提出这个美学范畴，是有历史背景的。在汉代，无论绘画、雕塑、舞蹈、杂技，都是热烈飞动、虎虎有生气的。画家喜欢画龙、画虎、画飞鸟、画舞蹈中的人物。雕塑也大多表现动物。所以,谢赫的"气韵生动",不仅仅是提出了一个美学要求,而且首先是对于汉代以来的艺术实践的一个理论概括和总结。

谢赫以后,历代画论家对于"六法"继续有所发挥。如五代的荆浩解释"气韵"二字:"气者,心随笔运,取象不惑。韵者,隐迹立形,备遗不俗。"(《笔法记》)这就是说,艺术家要把握对象的精神实质,取出对象的要点,同时在创造形象时又要隐去自己的笔迹,不使欣赏者看出自己的技巧。这样把自我溶化在对象里,突出对象的有代表性的方面,就成功为典型的形象了。这样的形象就能让欣赏者有丰富的想象的余地。所以黄庭坚评李龙眠的画时说,"韵"者即有余不尽。

为了达到"气韵生动",达到对象的核心的真实,艺术家要发挥自己的艺术想象。这就是顾恺之论画时说的"迁想妙得"。一幅画既然不仅仅描写外形,而且要表现出内在神情,就要靠内心的体会,把自己的想象迁入对象形象内部去,这就叫"迁想";经过一番曲折之后,把握了对象的真正神情,是为"妙得"。颊上三毛,可以说是"迁想妙得"了——也就是把客观对象的真正特性,把客观对象的内在精神表现出来了。

顾恺之说:"台榭一定器耳,难成而易好,不待迁想妙得也。"这是受了时代的限制。后来山水画发达起来以后,同样有人的灵魂在内,寄托了人的思想情感,表现了艺术家的个性。譬如倪云林画一幅茅亭,就不是一张建筑设计图,而是凝结着画家的思想情感,传达出了画家的风貌。这就同样需要"迁想妙得"。

总之,"迁想妙得"就是艺术想象,或如现在有些人用的术语:形象思维。它概括了艺术创造、艺术表现方法的特殊性。后来荆浩《笔法记》提出的图画六要中的"思"("思者,删拔大要,凝想形物"),也就是这个"迁想妙得"。

### 3.骨力、骨法、风骨

前面说到,笔墨是中国画的一个重要特点。笔有笔力。卫夫人说:"点如坠石",即一个点要凝聚了过去的运动的力量。这种力量是艺术家内心的表现,但并非剑拔弩张,而是既有力,又秀气。这就叫作"骨"。"骨"就是笔墨落纸有力、突出,从内部发挥一种力量,虽不讲透视却可以有立体感,对我们产生一种感动力量。骨力、骨气、骨法,就成了中国美学中极重要的范畴,不但使用于绘画理论中(如顾恺之《魏晋胜流画赞》,几乎对每一个人的批评都要提到"骨"字),而且也使用于文学批评中(如《文心雕龙》有《风骨》篇)。

所谓"骨法",在绘画中,粗浅来说,有如下两方面的含义。

一、形象、色彩有其内部的核心,这是形象的"骨"。画一只老虎,要使人感到它有"骨"。"骨",是生命和行动的支持点(引伸到精神方面,就是有气节,有骨头,站得住),是表现一种坚定的力量,表现形象内部的坚固的组织。因此"骨"也就反映了艺术家主观的感觉、感受,表现了艺术家主观的情感态度。艺术家创造一个艺术形象,就有褒贬,有爱憎,有评价。艺术家一下笔就是一个判断。在舞台上,丑角出台,音乐是轻松的,不规则的,跳动的;大将出台,音乐就变得庄严了。这种音乐伴奏，就是艺术家对人物的评价。同样，"骨"不仅是对象内部核心的把握，同时也包含着艺术家对于人物事件的评价。

二、"骨"的表现要依赖于"用笔"。张彦远说："夫象物必在于形似，而形似须全其骨气；骨气形似，皆本于立意而归于用笔。"（《历代名画记》）这里讲到了"骨气"和"用笔"的关系。为什么"用笔"这么要紧？这要考虑到中国画的"笔"的特点。中国画用毛笔。毛笔有笔锋，有弹性。一笔下去，墨在纸上可以呈现出轻重浓淡的种种变化。无论是点，是面，都不是几何学上的点与面（那是图案画），不是平的点与面，而是圆的，有立体感。中国画家最反对平扁，认为平扁不是艺术。就是写字，也不是平扁的。中国书法家用中锋写的字，背阳光一照，正中间有道黑线，黑线周围是淡墨，叫作"绵裹铁"。圆滚滚的，产生了立体的感觉，也就是引起了"骨"的感觉。中国画家多半用中锋作画。也有用侧锋作画的。因为侧锋易造成平面的感觉，所以他们比较讲究构图的远近透视，光线的明暗等。这在画史上就是所谓"北宗"（以南宋的马、夏为代表）。

"骨法用笔"，并不是同"墨"没有关系。在中国绘画中，笔和墨总是相互包含、相互为用的。所以不能离开"墨"来理解"骨法用笔"。对于这一点，吕凤子有过很好的说明。他说：

"赋采画"和"水墨画"有时即用彩色水墨涂染成形，不用线作形廓，旧称"没骨画"。应该知道线是点的延长，块是点的扩大；又该知道点是有体积的，点是力之积，积力成线会使人有"生死刚正"之感，叫作骨。难道同样会使人有"生死刚正"之感的点和块，就不配叫作骨吗？画不用线构成，就须用色点或墨点、色块或墨块构成。中国画是以骨为质的，这是中国画的基本特征，怎么能叫不用线构的画作"没骨画"呢？叫它做没线画是对的，叫作"没骨画"便欠妥当了。

这大概是由于唐宋间某些画人强调笔墨（包括色说）可以分开各尽其用而来。他们以为笔有笔用与墨无关，笔的能事限于构线，墨有墨用与笔无关，墨的能事止于涂染；以为骨成于笔不是成于墨与色的，因而叫不是由线构成而是由点块构成——即不是由笔构成而是由墨与色构成的画作"没骨画"。不知笔墨是永远相依为用的；笔不能离开墨而有笔的用，墨也不能离开笔而有墨的用。笔在墨在，即墨在笔在。笔在骨在，也就是墨在骨在。怎么能说有线才算有骨，没线便是没骨呢？我们在这里敢这样说：假使"赋采画"或"水墨画"真是没有骨的话，那还配叫它作中国画吗？（《中国画法研究》第27—28页）

现在我们再来谈谈"风骨"。刘勰说："怊怅述情，必始乎风；沉吟铺辞，莫先于骨。""结言端直，则文骨成焉，意气骏爽，则文风生焉。"（《文心雕龙·风骨》）对于"风骨"的理解，现在学术界很有争论。"骨"是否只是一个词藻（铺辞）的问题？我认为"骨"和词是有关系的。但词是有概念内容的。词清楚了，它所表现的现实形象或对于形象的思想也清楚了。"结言端直"，就是一句话要明白正确，不是歪曲，不是诡辩。这种正确的表达，就产生了文骨。但光有"骨"还不够，还必须从逻辑性走到艺术性，才能感动人。所以"骨"之外还要有"风"。"风"可以动人，"风"是从情感中来的。中国古典美学理论既重视思想——表现为"骨"，又重视情感——表现为"风"。一篇有风有骨的文章就是好文章，这就同歌唱艺术中讲究"咬字行腔"一样。咬字是骨，即结言端直，行腔是风，即意气骏爽，动人情感。

### 4.山水之法，以大观小

中国画不注重从固定角度刻画空间幻景和透视法。由于中国陆地广大深远，苍苍茫茫，中国人多喜欢登高望远（重九登高的习惯），不是站在固定角度透视，而是从高处把握全面。这就形成中国山水画中"以大观小"的特点。宋代李成在画中"仰画飞檐"，沈括嘲笑他是"掀屋角"。沈括说：

李成画山上亭馆及楼塔之类，皆仰画飞檐，其说以谓自下望上，如人平地望塔檐间，见其榱桷。此论非也。大都山水之法，盖以大观小，如人观假山耳。若同真山之法，以下望上，只合见一重山，岂可重重悉见，兼不应见其溪谷间事。又如屋舍，亦不应见其中庭及后巷中事。若人在东立，则山西便合是远境；人在西立，则山东却合是远境。似此如何成画？李君盖不知以大观小之法。其间折高、折远，自有妙理，岂在掀屋角也！（《梦溪笔谈》卷一七）

画家的眼睛不是从固定角度集中于一个透视的焦点，而是流动着飘瞥上下四方，一目千里，把握大自然的内部节奏，把全部景界组织成一幅气韵生动的艺术画面。"诗云：鸢飞戾天，鱼跃于渊，言其上下察也。"（《中庸》）这就是沈括说的"折高折远"的"妙理"。而从固定角度用透视法构成的画，他却认为那不是画，不成画。中国和欧洲绘画在空间观点上有这样大的不同。值得我们的注意。谁是谁非？

### 四、中国古代的音乐美学思想

#### 1.关于《乐记》

中国古代思想家对于音乐，特别是对于音乐的社会作用、政治作用，向来是十分重视的。早在先秦，就产生了一部在音乐美学方面带有总结性的著作，就是有名的《乐记》。

《乐记》提供了一个相当完整的体系，对后代影响极大。对于这本书的内容，郭沫若曾经作了详细的分析（参看《青铜时代》一书中《公孙尼子与其音乐理论》一文）。我们现在只想补充两点：

一、《乐记》，照古籍记载，本来有二十三篇或二十四篇。前十一篇是现存的《乐记》，后十二篇是关于音乐演奏、舞蹈表演等方面技术的记载，《礼记》没有收进去，后来失传了，只留下了前十一篇关于理论的部分，这是一个损失。

为什么要提到这一点呢？是为了说明，中国古代的音乐理论是全面的,它并不限于抽象的理论而轻视实践的材料。事实上,关于实践的记述,往往就能提供理论的启发。

二、《乐记》最突出的特点,是强调音乐和政治的关系。一方面,强调维持等级社会的秩序,所谓"天地之序"——这就是"礼";一方面强调争取民心,保持整个社会的谐和,所谓"天地之为"——这就是"乐":两方面统一起来,达到巩固等级制度的目的。有人否认《乐记》的阶级内容,那是很错误的。

**2.从逻辑语言走到音乐语言**

中国民族音乐,从古到今,都是声乐占主导地位。所谓"丝不如竹,竹不如肉,渐近自然也"(《世说新语》)。

中国古代所谓"乐",并非纯粹的音乐,而是舞蹈、歌唱、表演的一种综合。《乐记》上有一段记载:

> 故歌者,上如抗,下如队,曲如折,止如槀木,倨中矩,句中钩,累累乎端如贯珠。故歌之为言也,长言之也。说之故言之,言之不足故长言之,长言之不足故嗟叹之,嗟叹之不足,故不知手之舞之,足之蹈之也。

"歌"是"言",但不是普通的"言",而是一种"长言"。"长言"即入腔,成了一个腔调,从逻辑语言、科学语言走入音乐语言、艺术语言。为什么要"长言"呢?就是因为这是一个情感的语言。"悦之故言之",因为快乐,情不自禁,就要说出,普通的语言不够表达,就要"长言之"和"嗟叹之"(入腔和行腔)。这就到了歌唱的境界。更进一步,心情的激动要以动作来表现就走到了舞蹈的境界,所谓"嗟叹之不足,故不知手之舞之,足之蹈之也。"这种思想在当时较为普遍。《诗大序》也说了相类似的话:"情动于中而形于言,言之不足故嗟叹之,嗟叹之不足故永歌之,永歌之不足,不知手之舞之,足之蹈之也。"这也是说,逻辑语言,由于情感之推动,产生飞跃,成为音乐的语言,成为舞蹈。

那么,这推动逻辑语言使成为音乐语言的情感又是怎么产生的呢?古代思想家认为,情感产生于社会的劳动生活和阶级的压迫,所谓"男女有所怨恨,相从为歌。饥者歌其食,劳者歌其事"(见《公羊传》宣公十五年何休注。《韩诗外传》,嵇康《声无哀乐论》》)。这显然是一种进步的美学思想。

### 3.声中无字,字中有声

从逻辑语言进到音乐语言,就产生了一个"字"和"声"的关系问题。

"字"就是概念,表现人的思想。思想应该正确反映客观真实,所以"字"里要求"真"。音乐中有了"字",就有了属于人、与人有密切联系的内容。但是"字"还要转化为"声",变成歌唱,走到音乐境界。这就是表现真理的语言要进入到美。"真"要融化在"美"里面。"字"与"声"的关系,就是"真"与"美"的关系。

只谈"美",不淡"真",就是形式主义、唯美主义。既真又美,这是梅兰芳一生追求的目标。他运用传统唱腔,表现真实的生活和真实的情感,创造出真切动人的新的美,成为一代大师。

宋代的沈括谈到过"字"与"声"的关系,提出了中国歌唱艺术的一条重要规律:"声中无字,字中有声。"他说:

> 古之善歌者有语,谓"当使声中无字,字中有声"。凡曲,止是一声清浊高下如萦缕耳,字则有喉唇齿舌等音不同。当使字字举本皆轻圆,悉融入声中,令转换处无磊魂,此谓"声中无字",古人谓之"如贯珠",今谓之"善过度"是也。如宫声字而曲合用商声,则能转宫为商歌之,此"字中有声"也,善歌者谓之"内里声"。不善歌者,声无抑扬,谓之"念曲";声无含韫,谓之"叫曲"。(《梦溪笔谈》卷五)

"字中有声",这比较好理解。但是什么叫"声中无字"呢?是不是说,在歌唱中要把"字"取消呢?是的,正是说要把"字"取消。但又并非完全取消,而是把它融化了,把"字"解剖为头、腹、尾三个部分,化成为"腔"。"字"被否定了,但"字"的内容在歌唱中反而得到了充分的表达。取消了"字",却把它提高和充实了,这就叫"扬弃"。"弃"是取消,"扬"是提高。这是辩证的过程。

戏曲表演里讲究的"咬字行腔",就体现了这条规律。"字"和"腔"就是中国歌唱的基本元素。咬字要清楚,因为"字"是表现思想内容，反映客观现实的。但为了充分的表达，还要从"字"引出"腔"。程砚秋说，咬字就如猫抓老鼠，不一下子抓死，既要抓住，又要保存活的。这样才能既有内容的表达，又有艺术的韵味。

"咬字行腔"，是结合现实而不断发展的。例如马泰在评剧《夺印》中，通过声音的抑扬高低，表现了人物的高度政治原则性。这在唱腔方面就有所发展。近来在京剧演现代戏里更接触到从生活出发，从人物出发来发展和改进京剧唱腔和曲调的问题，值得我们注意。

### 4.务头

戏曲歌唱里有所谓"务头"，牵涉到艺术的内容和形式等问题，所以我们在此简略地谈一谈。

什么叫"务头"？"曲调之声情，常与文情相配合，其最胜妙处，名曰'务头'。"（童斐伯《中乐寻源》）这是说，"务头"是指精彩的文字和精彩的曲调的一种互相配合的关系。一篇文章不能从头到尾都精彩，必须有平淡来突出精彩。人的精彩在"眼"。失去眼神，就等于是泥塑木雕。诗中也有"眼"。"眼"是表情的，特别引起人们的注意。曲中就叫"务头"。李渔说：

曲中有"务头"，犹棋中有眼，有此则活，无此则死。进不可战，退不可守者，无眼之棋，死棋也；看不动情，唱不发调者，无"务头"之曲，死曲也。一曲有一曲之"务头"，一句有一句之"务头"，字不聱牙，音不泛调，一曲中得此一句即使全曲皆灵，一句中得此一二字即使全句皆健者,"务头"也。由此推之,则不特曲有"务头",诗、词、歌、赋以及举子业,无一不有"务头"矣。(《闲情偶寄·别解务头》)

从这段话可以看出,"务头"的问题,并不限于戏曲的范围,它包含有各种艺术共有的某些一般规律性的内容。近人吴梅在《顾曲麈谈》里对"务头"有更深入的确切的说明。

## 五、中国园林建筑艺术所表现的美学思想

### 1.飞动之美

前面讲《考工记》的时候,已经讲到古代工匠喜欢把生气勃勃的动物形象用到艺术上去。这比起希腊来,就很不同。希腊建筑上的雕刻,多半用植物叶子构成花纹图案。中国古代雕刻却用龙、虎、鸟、蛇这一类生动的动物形象,至于植物花纹,要到唐代以后才逐渐兴盛起来。

在汉代,不但舞蹈、杂技等艺术十分发达,就是绘画、雕刻,也无一不呈现一种飞舞的状态。图案画常常用云彩、雷纹和翻腾的龙构成,雕刻也常常是雄壮的动物,还要加上两个能飞的翅膀。充分反映了汉民族在当时的前进的活力。

这种飞动之美,也成为中国古代建筑艺术的一个重要特点。

《文选》中有一些描写当时建筑的文章,描写当时城市宫殿建筑的

华丽，看来似乎只是夸张，只是幻想。其实不然。我们现在从地下坟墓中发掘出来实物材料，那些颜色华美的古代建筑的点缀品，说明《文选》中的那些描写，是有现实根据的，离开现实并不是那么远的。

现在我们看《文选》中一篇王文考作的《鲁灵光殿赋》。这篇赋告诉我们，这座宫殿内部的装饰，不但有碧绿的莲蓬和水草等装饰，尤其有许多飞动的动物形象：有飞腾的龙，有愤怒的奔兽，有红颜色的鸟雀，有张着翅膀的凤凰，有转来转去的蛇，有伸着颈子的白鹿，有伏在那里的小兔子，有抓着橡在互相追逐的猿猴，还有一个黑颜色的熊，背着一个东西，蹲在那里，吐着舌头。不但有动物，还有人：一群胡人，带着愁苦的样子，眼神憔悴，面对面跪在屋架的某一个危险的地方。上面则有神仙、玉女，"忽瞟眇以响象，若鬼神之仿佛。"在作了这样的描写之后，作者总结道："图画天地，品类群生，杂物奇怪，山神海灵，写载其状，托之丹青，千变万化，事各胶形，随色象类，曲得其情。"这简直可以说是谢赫六法的先声了。

不但建筑内部的装饰，就是整个建筑形象，也着重表现一种动态。中国建筑特有的"飞檐"，就是起这种作用。根据《诗经》的记载，周宣王的建筑已经像一只野鸡伸翅在飞（《斯干》），可见中国的建筑很早就趋向于飞动之美了。

### 2.空间的美感（一）

建筑和园林的艺术处理，是处理空间的艺术。老子就曾说："凿户牖以为室，当其无，有室之用。"室之用是由于室中之空间。而

"无"在老子又即是"道",即是生命的节奏。

中国的园林是很发达的。北京故宫三大殿的旁边,就有三海,郊外还有圆明园、颐和园等,这是皇帝的园林。民间的老式房子,也总有天井、院子,这也可以算作一种小小的园林。例如,郑板桥这样描写一个院落:

十笏茅斋,一方天井,修竹数竿,石笋数尺,其地无多,其费亦无多也。而风中雨中有声,日中月中有影,诗中酒中有情,闲中闷中有伴,非唯我爱竹石,即竹石亦爱我也。彼千金万金造园亭,或游宦四方,终其身不能归享。而吾辈欲游名山大川,又一时不得即往,何如一室小景,有情有味,历久弥新乎?对此画,构此境,何难敛之则退藏于密,亦复放之可弥六合也。(《板桥题画竹石》)

我们可以看到,这个小天井,给了郑板桥这位画家多少丰富的感受!空间随着心中意境可敛可放,是流动变化的,是虚灵的。

宋代的郭熙论山水画,说"山水有可行者,有可望者,有可游者,有可居者。"(《林泉高致》)可行、可望、可游、可居,这也是园林艺术的基本思想。园林中也有建筑,要能够居人,使人获得休息。但它不只是为了居人,它还必须可游,可行,可望。"望"最重要。一切美术都是"望",都是欣赏。不但"游"可以发生"望"的作用(颐和园的长廊不但领导我们"游",而且领导我们"望"),就是"住",也同样要"望"。窗子并不单为了透空气,也是为了能够望出去，望到一个新的境界，使我们获得美的感受。

窗子在园林建筑艺术中起着很重要的作用。有了窗子，内外就发生交流。窗外的竹子或青山，经过窗子的框框望去，就是一幅画。颐和园乐寿堂差不多四边都是窗子，周围粉墙列着许多小窗，面向湖景，每个窗子都等于一幅小画（李渔所谓"尺幅窗，无心画"）。而且同一个窗子，从不同的角度看出去，景色都不相同。这样，画的境界就无限地增多了。

明代人有一小诗，可以帮助我们了解窗子的美感作用。

一琴几上闲，数竹窗外碧。帘户寂无人，春风自吹入。

这个小房间和外部是隔离的，但经过窗子又和外边联系起来了。没有人出现，突出了这个小房间的空间美。这首诗好比是一张静物画，可以当作塞尚（Cyzanne）画的几个苹果的静物画来欣赏。

不但走廊、窗子，而且一切楼、台、亭、阁，都是为了"望"，都是为了得到和丰富对于空间的美的感受。

颐和园有个匾额，叫"山色湖光共一楼"。这是说，这个楼把一个大空间的景致都吸收进来了。左思《三都赋》："八极可围于寸眸，万物可齐于一朝。"苏轼诗："赖有高楼能聚远，一时收拾与闲人。"就是这个意思。颐和园还有个亭子叫"画中游"。"画中游"，并不是说这亭子本身就是画，而是说，这亭子外面的大空间好像一幅大画，你进了这亭子，也就进入到这幅大画之中。所以明人计成在《园冶》中说:"轩楹高爽,窗户邻虚,纳千顷之汪洋,收四时之烂漫。"

这里表现着美感的民族特点。希腊人对于庙宇四围的自然风景似乎还没有发现。他们多半把建筑本身孤立起来欣赏。古代中国人就不同。他们总要通过建筑物,通过门窗,接触外面的大自然界(我们讲离卦的美学时曾经谈到这一点)。"窗含西岭千秋雪,门泊东吴万里船"(杜甫诗句)。诗人从一个小房间通到千秋之雪、万里之船,也就是从一门一窗体会到无限的空间、时间。这样的诗句多得很。像"凿翠开户牖"(杜甫),"山川俯绣户,日月近雕梁。"(杜甫)"檐飞宛溪水,窗落敬亭云。"(李白)"山翠万重当槛出,水光千里抱城来。"(许浑)都是小中见大,从小空间进到大空间,丰富了美的感受。外国的教堂无论多么雄伟,也总是有局限的。但我们看天坛的那个祭天的台,这个台面对着的不是屋顶,而是一片虚空的天穹,也就是以整个宇宙作为自己的庙宇。这是和西方很不相同的。

### 3.空间的美感(二)

为了丰富对于空间的美感,在园林建筑中就要采用种种手法来布置空间,组织空间,创造空间,例如借景、分景、隔景等。其中,借景又有远借、邻借、仰借、俯借、镜借等。总之,为了丰富对景。

玉泉山的塔,好像是颐和园的一部分,这是"借景"。苏州留园的冠云楼可以远借虎丘山景,拙政园在靠墙处堆一假山,上建"两宜亭",把隔墙的景色尽收眼底,突破围墙的局限,这也是"借景"。

颐和园的长廊,把一片风景隔成两个,一边是近于自然的广大湖山,一边是近于人工的楼台亭阁,游人可以两边眺望,丰富了美的印象,这是"分景"。《红楼梦》小说里大观园运用园门、假山、墙垣等,造成园中的曲折多变,境界层层深入,像音乐中不同的音符一样,使游人产生不同的情调,这也是"分景"。颐和园中的谐趣园,自成院落,另辟一个空间,另是一种趣味。这种大园林中的小园林,叫作"隔景"。对着窗子挂一面大镜,把窗外大空间的景致照入镜中,成为一幅发光的"油画"。"隔窗云雾生衣上,卷幔山泉入镜中。"(王维诗句)"帆影都从窗隙过,溪光合向镜中看。"(叶令仪诗句)这就是所谓"镜借"了。"镜借"是凭镜借景,使景映镜中,化实为虚(苏州怡园的面壁亭处镜偪仄,乃悬一大镜,把对面假山和螺髻亭收入镜内,扩大了境界)。园中凿池映景,亦此意。

无论是借景、对景,还是隔景、分景,都是通过布置空间、组织空间、创造空间、扩大空间的种种手法,丰富美的感受,创造了艺术意境。中国园林艺术在这方面有特殊的表现,它是理解中国民族的美感特点的一项重要的领域。概括说来,当如沈复所说的:"大中见小,小中见大,虚中有实,实中有虚,或藏或露,或浅或深,不仅在周回曲折四字也。"(《浮生六记》)这也是中国一般艺术的特征。

原载《文艺论丛》第6辑1979年

# 第二章　艺术漫谈

一切艺术的美，以至于人格的美，都趋向玉的美：内部有光彩，但是含蓄的光彩，这种光彩是极绚烂，又极平淡。

# 一 ○ 中国艺术三境界

"中国艺术三境界"这个题目很大,讲起来可说是大而无当。但是,大亦有好处,就是可以空空洞洞地讲一点。现在,从中国过去的艺术家所遗留下来的诗文中,找出一鳞一爪来和各位谈谈。

说起"境界",的确是个很复杂的东西。不但中西艺术里表现的"境界"不同,单就国画来说,也有很多差异。不过。可以综合说来有下述三种境界。

一、写实(或写生)的境界。

二、传神的境界。

三、妙悟的境界。

用这三个标题,似乎有一个毛病,就是前二者有具体的对象,而后者却似乎空泛无着。但是,细想起来,它还是有对象的,那就是所谓玄境。兹分论如下:

## 一、写实的境界

站在油画或西洋写生画的立场来看,似乎中国画不能算是写实画。其实,中国的画家是很讲究写实的。我们从下述几个例子可以看出:

客有为齐王画者。齐王问曰:"画孰最难者?"曰:"犬马最难。""孰易者?"曰:"鬼魅最易。"夫犬马人所知也,旦暮罄于前,不可类之,故难。鬼魅无形者,不罄于前,故易之也。

宋太子铸丈六金像于瓦棺寺,像成而恨面瘦,工人不能理,乃迎(戴)颙问之。曰:"非面瘦,乃臂胛肥!"既错减臂胛,像乃相称,时人服其精思。

徽宗建龙德宫成,命待诏图画宫中屏壁,皆极一时之选。上来幸,一无所称,独顾壶中殿前柱廊拱眼《斜枝月季花》,问画者为谁?实少年新进。上喜,赐绯,褒锡甚宠,皆莫测其故。近侍尝请于上,上曰:"月季鲜有能画者,盖四时朝暮,花蕊叶皆不同。此作春时日中者,无毫发差。故厚赏之。"

宣和殿前植荔枝,既结实,喜动天颜。偶孔雀在其下,亟召画院众史,令图之。各极其思,华彩灿然。但孔雀欲升藤墩,先举右脚。上曰:"未也。"众史愕然莫测。后数日再呼问之,不知所对,则降旨曰:"孔雀升高,必先举左。"众史骇服。

希腊大画家曹格西斯（Zeuxis）画架上葡萄，有飞雀见而啄之。画家巴哈西斯（Panhazus）走来画一帷幕掩其上，曹格西斯回家误以为是真帷幕，欲引而张之。他能骗飞雀，却又被人骗了。

这两个故事，如同出一辙，可见东方与西方画家，有同样的写实精神。

中国画家不但重视表面写实，更透入内层。从下述例证，便可看出。

黄筌，十七岁事蜀后主王衍为待诏，至孟昶加俭校少府监，累迁如京副使。后主衍尝诏筌于内殿观吴道玄画钟馗，乃谓筌曰："吴道玄之画钟馗者，以右手第二指抉鬼之目，不若以拇指为有力也。"令筌改进，筌于是不用道玄之本，别改画以拇指抉鬼之目者进焉。后主怪其不如旨，筌对曰："道玄之所画者，眼色意思俱在第二指；今臣所画眼色意思，俱在拇指。"后主悟，乃喜。

这种写实，可说已到传神的境界了。

中国画家不仅可以画得很像，或至入神。并且，相信画家是个小上帝，简直可以创造出真实的东西来：

李思训开元中除卫将军，与其子李昭道中舍俱得山水之妙，时人号大李、小李。思训格品高奇，山水绝妙；鸟兽、草木，皆穷其态。昭道虽图山水、鸟兽，甚多繁巧，智惠笔力不及思训。天宝中明皇召思训画大同殿壁，兼掩障。异日因对，语思训云："卿所画掩障，夜闻水声。"通神之佳手也,国朝山水第一。故思训神品,昭道妙上品也。

韩幹京兆人也,明皇天宝中召入供奉。上令师陈闳画马,帝怪其不同,因诘之。奏云:"臣自有师。陛下内厩之马,皆臣之师也。"上甚异之。其后果能状飞黄之质,图喷玉之奇;九方之职既精,伯乐之相乃备。且古之画马,有穆王《八骏图》,后立本亦模写之,多见筋骨,皆擅一时,足为希代之珍。开元后四海清平,外国名马,重驿累至。然而沙碛之遥,蹄甲皆薄;明皇遂择其良者,与中国之骏同颁,尽写之。自后内厩有飞黄、照夜、浮云、五花之乘,奇毛异状,筋骨既圆,蹄甲皆厚。驾驭历险,若舆辇之安也;驰骤旋转,皆应韶濩之节。是以陈闳貌之于前,韩幹继之于后,写渥洼之状,若在水中,移骕骦之形,出于图上,故韩幹居神品宜矣……

这两个故事,虽然是神话,但我们可以相信,他们的画是惟妙惟肖,使人相信画家有创造生命的艺术。

中国画家又很讲实用。梁兴国寺殿中多雀,粪积佛顶,僧驱之不去。乃请画家张僧繇画一鹰一鹞于东西壁,双目瞵视,栩栩如生,雀不敢至。

由此,我们知道中国画家是有写实的兴趣、技巧、能力与观察力的。不但如此,还有能超出现实阶段,而达于更高境界者。即是传神的境界。

## 二、传神的境界

任何东西，不论其为木为石，在审美的观点看来，均有生命与精神的表现。画家欲把握一物的灵魂，必须改变他的技巧。就是不能再全部的纯写实地描画，而须抓住几个特点。从下述例证，可以看出。

顾恺之……画人尝数年不点目睛，人问其故，答曰："四体妍媸，本无关于妙处，传神写照，正在阿堵之中。"又画裴楷真，颊上加三毛，云："楷俊朗有识，具此正是其识，具观者详之，定觉神明殊胜。"

传神不能板滞，必须生动自然，方为杰作。苏东坡有一首题在画上的诗："苍鹰见人时，未起意先改。君从何处看？得此无人态？"这无人之态，便是鹰的自然状态，画家应当把握住。

西洋亦如此。当写实派极盛时，便走入另一阶段而求解脱。法国罗丹是集写实派之大成的人，但他塑像时，却令对象（模特儿）自由行动，言谈举止，一如平时，这时，他藏于屋角，随意取材，把握其自然情态。这正如宋代陈造所说的一样。他说："使人伟衣冠，肃瞻视，巍坐屏息，仰而视，俯而起草，毫发不差，若镜中写影，未必不木偶也。着眼于颠沛、造次、应对、进退、频额、适悦、舒急、倨傲之顷。熟想而默识，一得佳思，亟运笔墨，如兔起鹘落，则气王而神完矣。"即此一段妙论，就可以胜过罗丹了。

明代吴承恩在其《射阳山人集》中，有《送写真李山人序》一文，略谓："通州李先生全淮阴将家，士绅请画像，十常得十。人问之，对曰：余非技人也，而游乎技。余初出游时，见人之容貌、老少、长短、肥瘦、妍媸各有不同，为之神往，乃证其眉化，目而墨之，十分中常失五六。既久，知其性，忘其形，求之于俯仰，求之于空貌，求之于情感，有时余与同悲，有时余与同乐——再起作画，此时十失有三四。今余不观人之貌，隐几而坐，忽焉若观斯人于素，又忽焉若见紫色起于眉宇之间，乃急起作画，余不知其肖否？不知其已失几何？"作画至此阶段，可说已至浑化超脱形相，而到最高的境界了。

苏东坡《传神记》说得更透彻。他说："传神之难在目。顾虎头云：'传形写影，都在阿堵中。'其次在颧颊。吾尝于灯下顾自见颊影，使人就壁模之，不作眉目，见者皆失笑，知其为吾也。目与颧颊似，余无不似者，眉与鼻口可增减取似也。传神与相一道，欲得其人之天，法当于众中阴察之。今乃使人具衣冠坐，注视一物，彼方敛容自持，岂复见其天乎？凡人意思，各有所在，或在眉目，或在鼻口。虎头云：'颊上加三毛，觉精采殊胜。'则此人意思盖在须颊间也。优孟学孙叔敖抵掌谈笑，至使人谓死者复生，此岂举体皆似，亦得其意思所在而已。使画者悟此理，则人人可以为顾陆。吾尝见僧赠惟真画曾鲁公，初不甚似。一日往见公，归而喜甚，曰：'吾得之矣。'乃于肩后加三纹，隐约可见，作俯首仰视，眉扬而额蹙者，遂大似。南都人陈怀立，传吾神众，以为得其全者。怀立举止如诸生，萧然有于笔墨之外者也。故以吾所闻者助发之。"由此可见中国画重在传神。

山水传神在点苔，苔是山水的眉目，其次如作亭。张宣题画云："石滑岩前雨，泉香树杪风。江山无限景，都在一亭中。"可见亭之于山水，亦如目之于人一样。宋画家郭熙云："画山水数百里间，必有精神聚处，乃足画。散地不足画也。"

**三、妙语的境界（缺）**

原载《学生导报》（周刊）1945年第1期

## 二 ○ 中国艺术表现里的虚和实

　　先秦哲学家荀子是中国第一个写了一篇较有系统的美学论文——《乐论》的人。他有一句话说得极好，他说："不全不粹不足以谓之美。"这话运用到艺术美上就是说：艺术既要极丰富地全面地表现生活和自然，又要提炼地去粗存精，提高、集中、更典型、更具普遍性地表现生活和自然。

　　由于"粹"，由于去粗存精，艺术表现里有了"虚"，"洗尽尘滓，独存孤迥"（恽南田语）。由于"全"，才能做到孟子所说的"充实之谓美，充实而有光辉之谓大"。"虚"和"实"辩证的统一，才能完成艺术的表现，形成艺术的美。

　　但"全"和"粹"是相互矛盾的。既去粗存精，那就似乎不全了，全就似乎不应"拔萃"。又全又粹，这不是矛盾吗？

　　然而只讲"全"而不顾"粹"，这就是我们现在所说的自然主义；只讲"粹"而不能反映"全"，那又容易走上抽象的形式主义的道路；既粹且全，才能在艺术表现里做到真正的"典型化"，全和粹要辩证地结合、统一，才能谓之美，正如荀子在两千年前所正确地指出的。

清初文人赵执信在他的《谈艺录》序言里有一段话很生动地形象化地说明这全和粹、虚和实辩证的统一才是艺术的最高成就。他说：

> 钱塘洪昉思（按即洪昇，《长生殿》曲本的作者）久于新城（按即王渔洋，提倡诗中神韵说者）之门矣。与余友。一日在司寇（渔洋）论诗，昉思嫉时俗之无章也，曰："诗如龙然，首尾鳞鬣，一不具，非龙也。"司寇哂之曰："诗如神龙，见其首不见其尾，或云中露一爪一鳞而已，安得全体？是雕塑绘画耳！"余曰："神龙者，屈伸变化，固无定体，恍惚望见者第指其一鳞一爪，而龙之首尾完好固宛然在也。若拘于所见，以为龙具在是，雕绘者反有辞矣！"

洪昉思重视"全"而忽略了"粹"，王渔洋依据他的神韵说看重一爪一鳞而忽视了"全体"；赵执信指出一鳞一爪的表现方式要能显示龙的"首尾完好宛然存在"。艺术的表现正在于一鳞一爪具有象征力量，使全体宛然存在，不削弱全体丰满的内容，把它们概括在一鳞一爪里。提高了，集中了，一粒沙里看见一个世界。这是中国艺术传统中的现实主义的创作方法，不是自然主义的，也不是形式主义的。

但王渔洋、赵执信都以轻视的口吻说着雕塑绘画，好像它们只是自然主义地刻画现实。这是大大的误解。中国大画家所画的龙正是像赵执信所要求的，云中露出一鳞一爪，却使全体宛然可见。

中国传统的绘画艺术很早就掌握了这虚实相结合的手法。例如近年出土的晚周帛画凤夒人物、汉石刻人物画、东晋顾恺之《女史箴图》、唐阎立本《步辇图》、宋李公麟《免胄图》、元颜辉《钟馗出猎图》、明徐渭《驴背吟诗》，这些赫赫名迹都是很好的例子。我们见到一片空虚的背景上突出地集中地表现人物行动姿态，删略了背景的刻画，正像中国舞台上的表演一样（汉画上正有不少舞蹈和戏剧表演）。

关于中国绘画处理空间表现方法的问题，清初画家笪重光在他的一篇《画筌》（这是中国绘画美学里的一部杰作）里说得很好，而这段论画面空间的话，也正相通于中国舞台上空间处理的方式。他说：

空本难图，实景清而空景现。神无可绘，真境逼而神境生。位置相戾，有画处多属赘疣。虚实相生，无画处皆成妙境。

这段话扼要地说出中国画里处理空间的方法，也叫人联想到中国舞台艺术里的表演方式和布景问题。中国舞台表演方式是有独创性的，我们愈来愈见到它的优越性。而这种艺术表演方式又是和中国独特的绘画艺术相通的，甚至也和中国诗中的意境相通（我在1949年写过一篇《中国诗画中所表现的空间意识》）。中国舞台上一般地不设置逼真的布景（仅用少量的道具桌椅等）。老艺人说得好："戏曲的布景是在演员的身上。"演员结合剧情的发展，灵活地运用表演程式和手法，使得"真境逼而神境生"。演员集中精神用程式手法、舞蹈行动，"逼真地"表达出人物的内心情感和行动，就会使人忘掉对于剧中环境布景的要求，不需要环境布景阻碍表演的集中和灵活，"实景清而空景现"，留出空虚来让人物充分地表现剧情，剧中人和观众精神交流，深入艺术创作的最深意趣，这就是"真境逼而神境生"。这个"真境逼"是在现实主义的意义里的，不是自然主义里所谓逼真。这是艺术所启示的真，也就是"无可绘"的精神的体现，也就是美。"真""神""美"在这里是一体。

做到了这一点，就会使舞台上"空景"的"现"，即空间的构成，不须借助于实物的布置来显示空间，恐怕"位置相戾，有画处多属赘疣"，排除了累赘的布景，可使"无景处都成妙境"。例如川剧《刁窗》一场中虚拟的动作既突出了表演的"真"，又同时显示了手势的"美"，因"虚"得"实"。《秋江》剧里船翁一支桨和陈妙常的摇曳的舞姿可令观众"神游"江上。八大山人画一条生动的鱼在纸上，别无一物，令人感到满幅是水。我最近看到故宫陈列齐白石画册里一幅上画一枯枝横出，站立一鸟，别无所有，但用笔的神妙，令人感到环绕这鸟的是一无垠的空间，和天际群星相接应，真是一片"神境"。

中国传统的艺术很早就突破了自然主义和形式主义的片面性，创造了民族的独特的现实主义的表达形式，使真和美、内容和形式高度地统一起来。反映这艺术发展的美学思想也具有独创的宝贵的遗产，值得我们结合艺术的实践来深入地理解和汲取，为我们从新的生活创造新的艺术形式提供借鉴和营养资料。

中国的绘画、戏剧和中国另一特殊的艺术——书法，具有着共同的特点，这就是它们里面都是贯穿着舞蹈精神（也就是音乐精神），由舞蹈动作显示虚灵的空间。唐朝大书法家张旭观看公孙大娘剑器舞而悟书法，吴道子画壁请裴将军舞剑以助壮气。而舞蹈也是中国戏剧艺术的根基。中国舞台动作在二千年的发展中形成一种富有高度节奏感和舞蹈化的基本风格，这种风格既是美的，同时又能表现生活的真实，演员能用一两个极洗炼而又极典型的姿势，把时间、地点和特定情景表现出来。例如"趟马"这个动作，可以使人看出有一匹马在跑，同时又能叫人觉得是人骑在马上，是在什么情境下骑着的。如果一个演员在趟马时"心中无马，光在那里卖弄武艺，卖弄技巧，那他的动作就是程式主义的了。——我们的舞台动作，确是能通过高度的艺术真实，表现出生活的真实的。也证明这是几千年来，一代又一代的，经过广大人民运用他们的智慧，积累而成的优秀的民族表现形式。如果想一下子取消这种动作，代之以纯现实的，甚至是自然主义的做工，那就是取消民族传统，取消戏曲。"（见焦菊隐：《表现艺术上的三个主要问题》，《戏剧报》1954年11月号）

中国艺术上这种善于运用舞蹈形式，辩证地结合着虚和实，这种独特的创造手法也贯穿在各种艺术里面。大而至于建筑，小而至于印章，都是运用虚实相生的审美原则来处理，而表现出飞舞生动的气韵。《诗经》里《斯干》那首诗里赞美周宣王的宫室时就是拿舞的姿式来形容这建筑，说它"如跂斯翼，如矢斯棘，如鸟斯革，如翚斯飞"。

由舞蹈动作伸延，展示出来的虚灵的空间，是构成中国绘画、书法、戏剧、建筑里的空间感和空间表现的共同特征，而造成中国艺术在世界上的特殊风格。它是和西洋从埃及以来所承受的几何学的空间感有不同之处。研究我们古典遗产里的特殊贡献，可以有助于人类的美学探讨和艺术理解的进展。

原载《文艺报》1961年第5期

## 三 ○ 论中西画法的渊源与基础

人类在生活中所体验的境界与意义，有用逻辑的体系范围之、条理之，以表达出来的，这是科学与哲学。有在人生的实践行为或人格心灵的态度里表达出来的，这是道德与宗教。但也还有那在实践生活中体味万物的形象，天机活泼，深入"生命节奏的核心"，以自由谐和的形式，表达出人生最深的意趣，这就是"美"与"美术"。

所以美与美术的特点是在"形式"、在"节奏"，而它所表现的是生命的内核，是生命内部最深的动，是至动而有条理的生命情调。"一切的艺术都是趋向音乐的状态。"这是派脱（W. Pater）最堪玩味的名言。

美术中所谓形式，如数量的比例、形线的排列（建筑）、色彩的和谐（绘画）、音律的节奏，都是抽象的点、线、面、体或声音的交织结构。为了集中地提高地和深入地反映现实的形相及心情诸感，使人在摇曳荡漾的律动与谐和中窥见真理，引人发无穷的意趣，绵渺的思想。

所以形式的作用可以别为三项：

一、美的形式的组织，使一片自然或人生的内容自成一独立的有机体的形象，引动我们对它能有集中的注意、深入的体验。"间隔化"是"形式"的消极的功用。美的对象之第一步需要间隔。图画的框、雕像的石座、堂宇的栏干台阶、剧台的帘幕（新式的配光法及观众坐黑暗中）、从窗眼窥青山一角、登高俯瞰黑夜幕罩的灯火街市，这些美的境界都是由各种间隔作用造成。

二、美的形式之积极的作用是组织、集合、配置。一言蔽之，是构图。使片景孤境能织成一内在自足的境界，无待于外而自成一意义丰满的小宇宙，启示着宇宙人生的更深一层的真实。

希腊大建筑家以极简单朴质的形体线条构造典雅庙堂，使人千载之下瞻赏之犹有无穷高远圣美的意境，令人不能忘怀。

三、形式之最后与最深的作用，就是它不只是化实相为空灵，引人精神飞越，超入美境；而尤在它能进一步引人"由美入真"，探入生命节奏的核心。世界上唯有最生动的艺术形式，如音乐、舞蹈姿态、建筑、书法、中国戏面谱、钟鼎彝器的形态与花纹，乃最能表达人类不可言、不可状之心灵姿式与生命的律动。

每一个伟大时代，伟大的文化，都欲在实用生活之余裕，或在社会的重要典礼，以庄严的建筑、崇高的音乐、闳丽的舞蹈，表达这生命的高潮、一代精神的最深节奏（北平天坛及祈年殿是象征中国古代宇宙观最伟大的建筑）。建筑形体的抽象结构、音乐的节律与和谐、舞蹈的线纹姿式，乃最能表现吾人深心的情调与律动。

吾人借此返于"失去了的和谐,埋没了的节奏",重新获得生命的中心,乃得真自由、真生命。美术对于人生的意义与价值在此。

中国的瓦木建筑易于毁灭,圆雕艺术不及希腊发达,古代封建礼乐生活之形式美也早已破灭。民族的天才乃借笔墨的飞舞,写胸中的逸气(逸气即是自由的超脱的心灵节奏)。所以中国画法不重具体物象的刻画,而倾向抽象的笔墨表达人格心情与意境。中国画是一种建筑的形线美、音乐的节奏美、舞蹈的姿态美。其要素不在机械的写实,而在创造意象,虽然它的出发点也极重写实,如花鸟画写生的精妙,为世界第一。

中国画真像一种舞蹈,画家解衣盘礴,任意挥洒。他的精神与着重点在全幅的节奏生命而不沾滞于个体形相的刻画。画家用笔墨的浓淡,点线的交错,明暗虚实的互映,形体气势的开合,谱成一幅如音乐如舞蹈的图案。物体形象固宛然在目,然而飞动摇曳,似真似幻,完全溶解浑化在笔墨点线的互流交错之中!

西洋自埃及、希腊以来传统的画风,是在一幅幻现立体空间的画境中描出圆雕式的物体。特重透视法、解剖学、光影凸凹的晕染。画境似可走进,似可手摩,它们的渊源与背景是埃及、希腊的雕刻艺术与建筑空间。

在中国则人体圆雕远不及希腊发达,亦未臻最高的纯雕刻风味的境界。晋、唐以来塑像反受画境影响,具有画风。杨惠之的雕塑是和吴道子的绘画相通。不似希腊的立体雕刻成为西洋后来画家的范本。而商、周钟鼎敦尊等彝器则形态沉重浑穆、典雅和美,其表现中国宇宙情绪可与希腊神像雕刻相当。中国的画境、画风与画法的特点当在此种钟鼎彝器盘鉴的花纹图案及汉代壁画中求之。

在这些花纹中人物、禽兽、虫鱼、龙凤等飞动的形相，跳跃宛转，活泼异常。但它们完全溶化浑合于全幅图案的流动花纹线条里面。物象融于花纹，花纹亦即原本于物象形线的蜕化、僵化。每一个动物形象是一组飞动线纹之节奏的交织，而融合在全幅花纹的交响曲中。它们个个生动，而个个抽象化，不雕凿凹凸立体的形似，而注重飞动姿态之节奏和韵律的表现。这内部的运动，用线纹表达出来的，就是物的"骨气"（张彦远《历代名画记》云：古之画或遗其形似而尚其骨气）。骨是主持"动"的肢体，写骨气即是写着动的核心。中国绘画六法中之"骨法用笔"，即系运用笔法把捉物的骨气以表现生命动象。所谓"气韵生动"是骨法用笔的目标与结果。

在这种点线交流的律动的形相里面，立体的、静的空间失去意义，它不复是位置物体的间架。画幅中飞动的物象与"空白"处处交融，结成全幅流动的虚灵的节奏。空白在中国画里不复是包举万象位置万物的轮廓，而是溶入万物内部，参加万象之动的虚灵的"道"。画幅中虚实明暗交融互映，构成飘渺浮动的絪缊气韵，真如我们目睹的山川真景。此中有明暗、有凹凸、有宇宙空间的深远，但却没有立体的刻画痕；亦不似西洋油画如可走进的实景，乃是一片神游的意境。因为中国画法以抽象的笔墨把捉物象骨气，写出物的内部生命，则"立体体积"的"深度"之感也自然产生，正不必刻画雕凿，渲染凹凸，反失真态，流于板滞。

然而中国画既超脱了刻板的立体空间、凹凸实体及光线阴影；于是它的画法乃能笔笔灵虚，不滞于物，而又笔笔写实，为物传神。唐志契的《绘事微言》中有句云："墨沈留川影，笔花传石神。"笔既不滞于物，笔乃留有余地，抒写作家自己胸中浩荡之思、奇逸之趣。而引书法入画乃成中国画第一特点。董其昌云："以草隶奇字之法为之，树如屈铁，山如画沙，绝去甜俗蹊径，乃为士气。"中国特有的艺术"书法"实为中国绘画的骨干，各种点线皴法溶解万象超入灵虚妙境，而融诗心、诗境于画景，亦成为中国画第二特色。中国乐教失传，诗人不能弦歌，乃将心灵的情韵表现于书法、画法。书法尤为代替音乐的抽象艺术。在画幅上题诗写字，借书法以点醒画中的笔法，借诗句以衬出画中意境，而并不觉其破坏画景（在西洋油画上题句即破坏其写实幻境），这又是中国画可注意的特色，因中、西画法所表现的"境界层"根本不同：一为写实的，一为虚灵的；一为物我对立的，一为物我浑融的。中国画以书法为骨干，以诗境为灵魂，诗、书、画同属于一境层。西画以建筑空间为间架，以雕塑人体为对象，建筑、雕刻、油画同属于一境层。中国画运用笔勾的线纹及墨色的浓淡直接表达生命情调，透入物象的核心，其精神简淡幽微，"洗尽尘滓，独存孤迥"。唐代大批评家张彦远说："得其形似，则无其气韵。具其彩色，则失其笔法。"遗形似而尚骨气，薄彩色以重笔法。"超以象外，得其环中"，这是中国画宋元以后的趋向。然而形似逼真与色彩浓丽，却正是西洋油画的特色。中西绘画的趋向不同如此。

商、周的钟鼎彝器及盘鉴上图案花纹进展而为汉代壁画，人物、禽兽已渐从花纹图案的包围中解放，然在汉画中还常看到花纹遗迹环绕起伏于人兽飞动的姿态中间，以联系呼应全幅的节奏。东晋顾恺之的画全从汉画脱胎，以线纹流动之美（如春蚕吐丝）组织人物衣褶，构成全幅生动的画面。而中国人物画之发展乃与西洋大异其趣。西洋人物画脱胎于希腊的雕刻，以全身肢体之立体的描模为主要。中国人物画则一方着重眸子的传神，另一方则在衣褶的飘洒流动中，以各式线纹的描法表现各种性格与生命姿态。南北朝时印度传来西方晕染凹凸阴影之法，虽一时有人模仿（张僧繇曾于一乘寺门上画凹凸花，远望眼晕如真），然终为中国画风所排斥放弃，不合中国心理。中国画自有它独特的宇宙观点与生命情调，一贯相承，至宋元山水画、花鸟画发达，它的特殊画风更为显著。以各式抽象的点、线渲皴擦摄取万物的骨相与气韵，其妙处尤在点画离披，时见缺落，逸笔撇脱，若断若续，而一点一拂，具含气韵。以丰富的暗示力与象征力代形相的实写，超脱而浑厚。大痴山人画山水，苍苍莽莽，浑化无迹，而气韵蓬松，得山川的元气；其最不似处、最荒率处，最为得神。似真似梦的境界涵浑在一无形无迹，而又无往不在的虚空中："色即是空，空即是色"，气韵流动，是诗、是音乐、是舞蹈，不是立体的雕刻！

中国画既以"气韵生动"即"生命的律动"为终始的对象，而以笔法取物之骨气，所谓"骨法用笔"，为绘画的手段，于是晋谢赫的六法以"应物象形""随类赋彩"之模仿自然，及"经营位置"之研究和谐、秩序、比例、匀称等问题列在三四等地位。然而这"模仿自然"及"形式美"（即和谐、比例等），却系占据西洋美学思想发展之中心的两大中心问题。希腊艺术理论尤不能越此范围。唯逮至近代西洋人"浮士德精神"的发展,美学与艺术理论中乃产生"生命表现"及"情感移入"等问题。而西洋艺术亦自二十世纪起乃思超脱这传统的观点,辟新宇宙观,于是有立体主义、表现主义等对传统的反动,然终系西洋绘画中所产生的纠纷,与中国绘画的作风立场究竟不相同。

西洋文化的主要基础在希腊,西洋绘画的基础也就在希腊的艺术。希腊民族是艺术与哲学的民族,而它在艺术上最高的表现是建筑与雕刻。希腊的庙堂圣殿是希腊文化生活的中心。它们清丽高雅、庄严朴质,尽量表现"和谐、匀称、整齐、凝重、静穆"的形式美。远眺雅典圣殿的柱廊,真如一曲凝住了的音乐。哲学家毕达哥拉斯视宇宙的基本结构,是在数量的比例中表示着音乐式的和谐。希腊的建筑确象征了这种形式严整的宇宙观。柏拉图所称为宇宙本体的"理念",也是一种合于数学形体的理想图形。亚里士多德也以"形式"与"质料"为宇宙构造的原理。当时以"和谐、秩序、比例、平衡"为美的最高标准与理想,几乎是一班希腊哲学家与艺术家共同的论调,而这些也是希腊艺术美的特殊征象。

然而希腊艺术除建筑外,尤重雕刻。雕刻则系模范人体,取象"自然"。当时艺术家竟以写幻逼真为贵。于是"模仿自然"也几乎成为希腊哲学家、艺术家共同的艺术理论。柏拉图因艺术是模仿自然而轻视它的价值。亚里士多德也以模仿自然说明艺术。这种艺术见解与主张系由于观察当时盛行的雕刻艺术而发生,是无可怀疑的。雕刻的对象"人体"是宇宙间具体而微、近而静的对象。进一步研究透视术与解剖学自是当然之事。中国绘画的渊源基础却系在商周钟鼎镜盘上所雕绘大自然深山大泽的龙蛇虎豹、星云鸟鲁的飞动形态，而以卍字纹、回纹等连成各式模样以为底，借以象征宇宙生命的节奏。它的境界是一全幅的天地，不是单个的人体。它的笔法是流动有律的线纹，不是静止立体的形相。当时人尚系在山泽原野中与天地的大气流衍及自然界奇禽异兽的活泼生命相接触，且对之有神魔的感觉（楚辞中所表现的境界）。他们从深心里感觉万物有神魔的生命与力量。所以他们雕绘的生物也琦玮诡谲，呈现异样的生气魔力（近代人视宇宙为平凡，绘出来的境界也就平凡。所写的虎豹是动物园铁栏里的虎豹，自缺少深山大泽的气象）。希腊人住在文明整洁的城市中，地中海日光朗丽，一切物象轮廓清楚。思想亦游泳于清明的逻辑与几何学中。神秘奇诡的幻感渐失，神们也失去深沉的神秘性，只是一种在高明愉快境域里的人生。人体的美，是他们的渴念。在人体美中发现宇宙的秩序、和谐、比例、平衡，即是发现"神"，因为这些即是宇宙结构的原理，神的象征。人体雕刻与神殿建筑是希腊艺术的极峰，它们也确实表现了希腊人的"神的境界"与"理想的美"。

西洋绘画的发展也就以这两种伟大艺术为背景、为基础，而决定了它特殊的路线与境界。

希腊的画，如庞贝古城遗迹所见的壁画，可以说是移雕像于画面，远看直如立体雕刻的摄影。立体的圆雕式的人体静坐或站立在透视的建筑空间里。后来西洋画法所用油色与毛刷尤适合于这种雕塑的描形。以这种画与中国古代花纹图案画或汉代南阳及四川壁画相对照，其动静之殊令人惊异。一为飞动的线纹，一为沉重的雕像。谢赫的六法以气韵生动为首目，确系说明中国画的特点，而中国哲学如《易经》以"动"说明宇宙人生（天行健，君子以自强不息），正与中国艺术精神相表里。

希腊艺术理论既因建筑与雕刻两大美术的暗示，以"形式美"（即基于建筑美的和谐、比例、对称平衡等）及"自然模仿"（即雕刻艺术的特性）为最高原理，于是理想的艺术创作即系在模仿自然的实相中同时表达出和谐、比例、平衡、整齐的形式美。一座人体雕像须成为一"型范的"，即具体形相溶合于标准形式，实现理想的人相，所谓柏拉图的"理念"。希腊伟大的雕刻确系表现那柏拉图哲学所发挥的理念世界。它们的人体雕像是人类永久的理想型范，是人世间的神境。这位轻视当时艺术的哲学家，不料他的"理念论"反成希腊艺术适合的注释，且成为后来千百年西洋美学与艺术理论的中心概念与问题。

西洋中古时的艺术文化因基督教的禁欲思想，不能有希腊的茂盛，号称黑暗时期。然而哥特式（gothic）的大教堂高耸入云，表现强烈的出世精神，其雕刻神像也全受宗教热情的支配，富于表现的能力，实灌输一种新境界、新技术给与西洋艺术。然而须近代西洋人始能重新了解它的意义与价值（前之如歌德，近之如法国罗丹及德国的艺术学者。而近代浪漫主义、表现主义的艺术运动，也于此寻找他们的精神渊源）。

十五六世纪"文艺复兴"的艺术运动则远承希腊的立场而更渗入近代崇拜自然、陶醉现实的精神。这时的艺术有两大目标：即"真"与"美"。所谓真，即系模范自然，刻意写实。当时大天才（画家、雕刻家、科学家）达·芬奇（L. da Vinci）在他著名的《画论》中说："最可夸奖的绘画是最能形似的绘画。"他们所描摹的自然以人体为中心，人体的造像又以希腊的雕刻为范本。所以达·芬奇又说："圆描（即立体的雕塑式的描绘法）是绘画的主体与灵魂。"（白华按：中国的人物画系一组流动线纹之节律的组合，其每一线有独立的意义与表现，以参加全体点线音乐的交响曲。西画线条乃为描画形体轮廓或皴擦光影明暗的一分子，其结果是隐没在立体的境相里，不见其痕迹，真可谓隐迹立形。中国画则正在独立的点线皴擦中表现境界与风格。然而亦由于中、西绘画工具之不同。中国的墨色若一刻画，即失去光彩气韵。西洋油色的描绘不惟幻出立体，且有明暗闪耀烘托无限情韵，可称"色彩的诗"。而轮廓及衣褶线纹亦有其来自希腊雕刻的高贵的美。）达·芬奇这句话道出了西洋画的特点。移雕刻入画面是西洋画传统的立场。因着重极端的求"真"，艺术家从事人体的解剖，以祈认识内部构造的真相。尸体难得且犯禁，艺术家往往黑夜赴坟地盗尸，斗室中灯光下秘密支解，若有无穷意味。达·芬奇也曾亲手解剖男女尸体三十余，雕刻家唐迪（Donti）自夸曾手剖八十三尸体之多。这是西洋艺术家的科学精神及西洋艺术的科学基础。还有一种科学也是西洋艺术的特殊观点所产生，这就是极为重要的透视学。绘画既重视自然对象之立体的描摹，而立体对象是位置在三进向的空间，于是极重要的透视术乃被建筑家卜鲁勒莱西（Brunelleci）于十五世纪初期发现，建筑家阿柏蒂（Alberti）第一次写成书。透视学与解剖学为西洋画家所必修，就同书法与诗为中国画家所必涵养一样。而阐发这两种与西洋油画有如此重要关系之学术者为大雕刻家与建筑家，也就同阐发中国画理论及提高中国画地位者为诗人、书家一样。

求真的精神既如上述，求真之外则求"美"，为文艺复兴时画家之热烈的憧憬。真理披着美丽的外衣，寄"自然模仿"于"和谐形式"之中，是当时艺术家的一致的企图。而和谐的形式美则又以希腊的建筑为最高的型范。希腊建筑如巴泰龙（Parthenon）的万神殿表象着宇宙永久秩序；庄严整齐，不愧神灵的居宅。大建筑学家阿柏蒂在他的名著《建筑论》中说："美即是各部分之谐合，不能增一分，不能减一分。"又说："美是一种协调，一种和声。各部会归于全体，依据数量关系与秩序，适如最圆满之自然律'和谐'所要求。"于此可见文艺复兴所追求的美仍是蹑步希腊，以亚里士多德所谓"复杂中之统一"（形式和谐）为美的准则。

"模仿自然"与"和谐的形式"为西洋传统艺术（所谓古典艺术）的中心观念已如上述。模仿自然是艺术的"内容"，形式和谐是艺术的"外形"，形式与内容乃成西洋美学史的中心问题。在中国画学的六法中则"应物象形"（即模仿自然）与"经营位置"（即形式和谐）列在第三第四的地位。中、西趋向之不同，于此可见。然则西洋绘画不讲求气韵生动与骨法用笔么？似又不然！

西洋画因脱胎于希腊雕刻，重视立体的描摹；而雕刻形体之凹凸的显露实又凭借光线与阴影。画家用油色烘染出立体的凹凸,同时一种光影的明暗闪动跳跃于全幅画面,使画境空灵生动,自生气韵。故西洋油画表现气韵生动,实较中国色彩为易。而中国画则因工具写光困难,乃另辟蹊径,不在刻画凸凹的写实上求生活,而舍具体、趋抽象,于笔墨点线皴擦的表现力上见本领。其结果则笔情墨韵中点线交织,成一音乐性的"谱构"。其气韵生动为幽淡的、微妙的、静寂的、洒落的,没有彩色的喧哗炫耀,而富于心灵的幽深淡远。

中国画运用笔法墨气以外取物的骨相神态,内表人格心灵。不敷彩色而神韵骨气已足。西洋画则各人有各人的"色调"以表现各个性所见色相世界及自心的情韵。色彩的音乐与点线的音乐各有所长。中国画以墨调色,其浓淡明晦,映发光彩,相等于油画之光。清人沈宗骞在《芥舟学画篇》里论人物画法说:"盖画以骨格为主。骨干只须以笔墨写出,笔墨有神,则未设色之前,天然有一种应得之色,隐现于衣裳环佩之间,因而附之,自然深浅得宜,神采焕发。"在这几句话里又看出中国画的笔墨骨法与西洋画雕塑式的圆描法根本取象不同,又看出彩色在中国画上的地位,系附于笔墨骨法之下,宜于简淡,不似在西洋油画中处于主体地位。虽然"一切的艺术都是趋向音乐",而华堂弦响与明月箫声,其韵调自别。

西洋文艺复兴时代的艺术虽根基于希腊的立场,着重自然模仿与形式美,然而一种近代人生的新精神,已潜伏滋生。"积极活动的生命"和"企向无限的憧憬",是这新精神的内容。热爱大自然,陶醉于现世的美丽;眷念于光、色、空气。绘画上的彩色主义替代了希腊云石雕像的净素妍雅。所谓"绘画的风俗"继古典主义之"雕刻的风格"而兴起。于是古典主义与浪漫主义，印象主义、写实主义与表现主义、立体主义的争执支配了近代的画坛。然而西洋油画中所谓"绘画的风格"，重明暗光影的韵调，仍系来源于立体雕刻上的阴影及其光的氛围。罗丹的雕刻就是一种"绘画风格"的雕刻。西洋油画境界是光影的气韵包围着立体雕像的核心。其"境界层"与中国画的抽象笔墨之超实相的结构终不相同。就是近代的印象主义，也不外乎是极端的描摹目睹的印象（渊源于模仿自然）。所谓立体主义，也渊源于古代几何形式的构图，其远祖在埃及的浮雕画及希腊艺术史中"几何主义"的作风。后期印象派重视线条的构图，颇有中国画的意味，然他们线条画的运笔法终不及中国的流动变化、意义丰富，而他们所表达的宇宙观景仍是西洋的立场，与中国根本不同。中画、西画各有传统的宇宙观点，造成中、西两大独立的绘画系统。

现在将这两方不同的观点与表现法再综述一下，以结束这篇短论：

一、中国画所表现的境界特征，可以说是根基于中国民族的基本哲学，即《易经》的宇宙观：阴阳二气化生万物，万物皆禀天地之气以生，一切物体可以说是一种"气积"（庄子：天，积气也）。这生生不已的阴阳二气织成一种有节奏的生命。中国画的主题"气韵生动"，就是"生命的节奏"或"有节奏的生命"。伏羲画八卦，即是以最简单的线条结构表示宇宙万相的变化节奏。后来成为中国山水花鸟画的基本境界的老、庄思想及禅宗思想也不外乎于静观寂照中，求返于自己深心的心灵节奏，以体合宇宙内部的生命节奏。中国画自伏羲八卦、商周钟鼎图花纹、汉代壁画、顾恺之以后历唐、宋、元、明，皆是运用笔法、墨法以取物象的骨气，物象外表的凹凸阴影终不愿刻画，以免笔滞于物。所以虽在六朝时受外来印度影响，输入晕染法，然而中国人则终不愿描写从"一个光泉"所看见的光线及阴影，如目睹的立体真景。而将全幅意境谱入一明暗虚实的节奏中，"神光离合，乍阴乍阳"。《洛神赋》中语以表现全宇宙的气韵生命，笔墨的点线皴擦既从刻画实体中解放出来，乃更能自由表达作者自心意匠的构图。画幅中每一丛林、一堆石，皆成一意匠的结构，神韵意趣超妙，如音乐的一节。气韵生动，由此产生。书法与诗和中国画的关系也由此建立。

二、西洋绘画的境界，其渊源基础在于希腊的雕刻与建筑（其远祖尤在埃及浮雕及容貌画）。以目睹的具体实相融合于和谐整齐的形式，是他们的理想（希腊几何学研究具体物形中之普通形相，西洋科学研究具体之物质运动，符合抽象的数理公式，盖有同样的精神）。雕刻形体上的光影凹凸利用油色晕染移入画面，其光彩明暗及颜色的鲜艳流丽构成画境之气韵生动。近代绘风更由古典主义的雕刻风格进展为色彩主义的绘画风格，虽象征了古典精神向近代精神的转变，然而它们的宇宙观点仍是一贯的，即"人"与"物"，"心"与"境"的对立相视。不过希腊的古典的境界是有限的具体宇宙包涵在和谐宁静的秩序中，近代的世界观是一无穷的力的系统在无尽的交流的关系中。而人与这世界对立，或欲以小己体合于宇宙，或思戡天役物，申张人类的权力意志，其主客观对立的态度则为一致（心、物及主观、客观问题始终支配了西洋哲学思想）。

　　而这物我对立的观点，亦表现于西洋画的透视法。西画的景物与空间是画家立在地上平视的对象，由一固定的主观立场所看见的客观境界，貌似客观实颇主观（写实主义的极点就成了印象主义）。就是近代画风爱写无边天际的风光，仍是目睹具体的有限境界，不似中国画所写近景一树一石也是虚灵的、表象的。中国画的透视法是提神太虚，从世外鸟瞰的立场观照全整的律动的大自然，他的空间立场是在时间中徘徊移动，游目周览，集合数层与多方的视点谱成一幅超象虚灵的诗情画境（产生了中国特有的手卷画）。所以它的境界偏向远景。"高远、深远、平远"，是构成中国透视法的"三远"。在这远景里看不见刻画显露的凹凸及光线阴影。浓丽的色彩也隐没于轻烟淡霭。一片明暗的节奏表象着全幅宇宙的絪缊的气韵，正符合中国心灵蓬松潇洒的意境。故中国画的境界似乎主观而实为一片客观的全整宇宙，和中国哲学及其他精神方面一样。"荒寒""洒落"是心襟超脱的中国画家所认为最高的境界（元代大画家多为山林隐逸，画境最富于荒寒之趣），其体悟自然生命之深透，可称空前绝后，有如希腊人之启示人体的神境。

　　中国画因系鸟瞰的远景，其仰眺俯视与物象之距离相等，故多爱写长方立轴以揽自上至下的全景。数层的明暗虚实构成全幅的气韵与节奏。西洋画因系对立的平视，故多用近立方形的横幅以幻现自近至远的真景。而光与阴影的互映构成全幅的气韵流动。

　　中国画的作者因远超画境，俯瞰自然，在画境里不易寻得作家的立场，一片荒凉，似是无人自足的境界（一幅西洋油画则须寻找得作家自己的立脚观点以鉴赏之）。然而中国作家的人格个性反因此完全融化潜隐在全画的意境里，尤表现在笔墨点线的姿态意趣里面。

还有一件可注意的事，就是我们东方另一大文化区印度绘画的观点，却系与西洋希腊精神相近，虽然它在色彩的幻美方面也表现了丰富的东方情调。印度绘法有所谓"六分"，梵云"萨邓迦"，相传在西历第三世纪始见记载，大约也系综括前人的意见，如中国谢赫的六法，其内容如下：

1.形相之知识，2.量及质之正确感受，3.对于形体之情感，4.典雅及美之表示，5.逼似真象，6.笔及色之美术的用法（见吕凤子：《中国画与佛教之关系》，载《金陵学报》）。

综观六分，颇乏系统次序。其1、2、3、5条不外乎模仿自然，注重描写形相质量的实际。其4条则为形式方面的和谐美。其6条属于技术方面。全部思想与希腊艺术论之特重"自然模仿"与"和谐的形式"恰相吻合。希腊人、印度人同为阿利安人种，其哲学思想与宇宙观念颇多相通的地方。艺术立场的相近也不足异了。魏晋六朝间，印度画法输入中国，不啻即是西洋画法开始影响中国，然而中国吸取它的晕染法而变化之，以表现自己的气韵生动与明暗节奏，却不袭取它凹凸阴影的刻画，仍不损害中国特殊的观点与作风。

然而中国画趋向抽象的笔墨，轻烟淡彩，虚灵如梦，洗净铅华，超脱暄丽耀彩的色相，却违背了"画是眼睛的艺术"之原始意义。"色彩的音乐"在中国画久已衰落（近见唐代式壁画，敷色浓丽，线条劲秀，使人联想文艺复兴初期画家薄蒂采丽的油画）。幸宋、元大画家皆时时不忘以"自然"为师，于造化絪缊的气韵中求笔墨的真实基础。近代画家如石涛，亦游遍山川奇境，运奇姿纵横的笔墨，写神会目睹的妙景，真气远出，妙造自然。画家任伯年则更能于花卉翎毛表现精深华妙的色彩新境，为近代稀有的色彩画家，令人反省绘画原来的使命。然而此外则颇多一味模仿传统的形式，外失自然真感，内乏性灵生气，目无真景，手无笔法。既缺绚丽灿烂的光色以与西画争胜，又遗失了古人雄浑流丽的笔墨能力。艺术本当与文化生命同向前进；中国画此后的道路，不但须恢复我国传统运笔线纹之美及其伟大的表现力，尤当倾心注目于彩色流韵的真景，创造浓丽清新的色相世界。更须在现实生活的体验中表达出时代的精神节奏。因为一切艺术虽是趋向音乐，止于至美，然而它最深最后的基础仍是在"真"与"诚"。

原载《文艺丛刊》1936年第1辑

## 四 ○ 中西戏剧比较及其他

对戏曲没有研究。参加了这两次会，听了许多同志的发言，启发很大。同志们谈的这些东西，对研究美学，尤其是研究中国美学很有好处。美学研究应该结合艺术进行，对各种艺术现象，应作比较研究。

有同志说，剧团到农村演出，群众要看布景，没布景不买票。我所了解，农村的舞台，为了便利演出，都是很简便的，我怀疑它能配合用布景。布景的问题存在很久了，从宋元到现在。看戏的人很多，他们没有提出过看布景的要求，他们要求的是表演。中国戏曲是以表演为主的。前几天看了豫剧《抬花轿》，表演得很好，抬和坐，动作都是虚拟的。抬着过桥，真给人以过桥的感觉。但是在台上并没有给人看到真实的轿子。只要表演得逼真，观众并不要求有一个真的轿子。西洋戏剧是主张用布景的，易卜生就很注意用景。中国戏曲景与情全由演员来表演。《秋江》中，情与景是高度交融的。西洋戏剧也是希望达到这一点的。

中国戏曲传统舞台美术的发展是有客观原因的。中国古代在农村经常演戏，舞台都是木板架起来的，很简便。在那样的台上做布景不可能，所以演员就想一切办法把自己突出出来。书上记载：埃斯库勒斯的戏，人物也是宽袍大袖，鬼的面上也涂颜色，或戴假面具。这和中国戏曲是相似的。过去的条件差，促使产生了好东西。现在所以产生问题，原因在于时代不同了，条件起了变化。

肖伯纳的剧本，序文都很长，为了说明戏文。问题戏，着重思想。中国戏曲，着重感动人，动作强烈，能使人哭，亦能使人笑。文艺复兴以后，西洋讲究透视学，舞台也要求透视。先有布景，后有人物。中国戏曲不同，人物出场，手拿马鞭就说明是骑马出来了。是两种不同的境界。中国古代也戴假面具。四川出土的汉俑，两个人作吵嘴状，一男一女，男的面上有面具。据我推测，可能后来因为用面具不方便，就干脆画到了脸上，产生了脸谱。

有同志说，中国戏曲舞台美术的特点是，能动就好。这话很对。中国戏曲和中国画有很多相同的地方。中国画从战国到现在发展了几千年，它的特点就是气韵生动。站在最高位，一切服从动，可以说没有动就没有中国戏，没有动也没有中国画。动是中心。西洋舞台上的动局限于固定的空间。中国戏曲的空间随动产生，随动发展。"十八相送"十八个景，都是由动作表现出来的。中国广大群众是否都要求布景，需要进行分析。要布景是为了看热闹，看多了会转过来看表演的。群众要求不平衡，层次复杂，应该看主要的倾向。

关于空间问题，中国画和西洋画在处理上是不同的。古代画家、科学家都提出过问题。科学家沈括在他的《梦溪笔谈》中，在艺术上的要求与西洋画就不同。西洋画要求写实，他不要求写实，相反他反对写实。他批评写实的画不是画。戏曲舞台也是如此，不能太实。清代学者华琳，他有很多好见解。他指出：如果人不出现，放上门窗等实物，这叫离。离，物与物之间是独立的，自成片状。不是画。画，要合，要气韵生动。完全合，也不行，完全合，打成一片，一蹋糊涂，也不是画。中国画是似离似合。只离而不合，不是艺术品，只合而不离也不是艺术品。中国画画面空间是怎样表现出来的？他用了一个"推"字。"推"能产生无穷的空间。在舞台上，演员一推，产生了门，又产生了门内门外两个空间。画家是用笔推的。齐白石的虾，只在白纸上画几个虾，但能给人它们是在水中的感觉。

在生活中，看到一片好风景时说"江山如画"，真山水希望它是假山水，看一幅画又常常要求它逼真，假山水希望它是真山水。所谓美就是"如画"和"逼真"。中国戏曲就是既逼真又如画的。它掌握艺术规律是很深的，当然也有局限性。戏曲以表演为主，演员表演好是第一。群众并不要求西洋式的布景。目前部分群众有这种要求，这不会是永恒的，是会改变的。

> 本文是作者1961年在一个戏曲座谈会上的发言稿，
> 原载1985年10月16日《北京大学》校刊

## 五 ○ 中国古代的音乐寓言与音乐思想

寓言，是有所寄托之言。《史记》上说："庄周著书十余万言，大抵率寓言也。"庄周书里随处都见到用故事、神话来说出他的思想和理解。我这里所说的寓言包括神话、传说、故事。音乐是人类最亲密的东西，人有口有喉，自己会吹奏歌唱；有手可以敲打、弹拨乐器；有身体动作可以舞蹈。音乐这门艺术可以备于人的一身，无待外求。所以在人群生活中发展得最早，在生活里的势力和影响也最大。诗、歌、舞及拟容动作，戏剧表演，极早时就结合在一起。但是对我们最亲密的东西并不就是最被认识和理解的东西，所谓"百姓日用而不知"。所以古代人民对音乐这一现象感到神奇，对它半理解半不理解。尤其是人们在很早就在弦上管上发现音乐规律里的数的比例，那样严整，叫人惊奇。中国人早就把律、度、量、衡结合，从时间性的音律来规定空间性的度量，又从音律来测量气候，把音律和时间中的历结合起来（甚至于凭音来测地下的深度，见《管子》）。太史公在《史记》里说："阴阳之施化，万物之终始，既类旅于律吕，又经历于日辰，而变化之情可见矣。"变化之情除数学的测定外，还可从律吕来把握。

希腊哲学家毕达哥拉斯发现琴弦上的长短和音高成数的比例，他见到我们情感体验里最深秘难传的东西——音乐，竟和我们脑筋里把握得最清晰的数学有着奇异的结合，觉得自己是窥见宇宙的秘密了。后来西方科学就凭数学这把钥匙来启开大自然这把锁，音乐却又是直接地把宇宙的数理秩序诉之于情感世界，音乐的神秘性是加深了，不是减弱了。

音乐在人类生活及意识里这样广泛而深刻的影响，就在古代以及后来产生了许多美丽的音乐神话、故事传说。哲学家也用音乐的寓言来寄寓他的最深难表的思想，像庄子。欧洲古代，尤其是近代浪漫派思想家、文学家爱好音乐，也用音乐故事来表白他们的思想，像德国文人蒂克的小说。

我今天就是想谈谈音乐故事、神话、传说，这里面寄寓着古人对音乐的理解和思想。我综合地称它们作音乐寓言。太史公在《史记》上说庄子书中大抵是寓言，庄子用丰富、活泼、生动、微妙的寓言表白他的思想，有一段很重要的音乐寓言，我也要谈到。

先谈谈音乐是什么？《礼记》里《乐记》上说得好："凡音之起，由人心生也。人心之动，物使之然也。感于物而动，故形于声。声相应，故生变，变成方，谓之音。比音而乐之，及干戚羽旄，谓之乐。"

构成音乐的音，不是一般的嘈声、响声，乃是"声相应，故生变，变成方，谓之音"。是由一般声里提出来的，能和"声相应"，能"变成方",即参加了乐律里的音。所以《乐记》又说:"声成文,谓之音。"乐音是清音,不是凡响。由乐音构成乐曲,成功音乐形象。

这种合于律的音和音组织起来,就是"比音而乐之",它里面含着节奏、和声、旋律。用节奏、和声、旋律构成的音乐形象,和舞蹈、诗歌结合起来,就在绘画、雕塑、文学等造型艺术以外,拿它独特的形式传达生活的意境,各种情感的起伏节奏。一个堕落的阶级,生活颓废,心灵空虚,也就没有了生活的节奏与和谐。他们的所谓音乐就成了嘈声杂响,创造不出旋律来表现有深度有意义的生命境界。节奏、和声、旋律是音乐的核心,它是形式,也是内容。它是最微妙的创造性的形式,也就启示着最深刻的内容,形式与内容在这里是水乳难分了。音乐这种特殊的表现和它的深厚的感染力使得古代人民不断地探索它的秘密,用神话、传说来寄寓他们对音乐的领悟和理想。我现在先介绍欧洲的两个音乐故事,一个是古代的,一个是近代的。

古代希腊传说着歌者奥尔菲斯的故事说:歌者奥尔菲斯,他是首先给予木石以名号的人,他凭借这名号催眠了它们,使它们像着了魔,解脱了自己,追随他走。他走到一块空旷的地方,弹起他的七弦琴来,这空场上竟涌现出一个市场。音乐演奏完了,旋律和节奏却凝住不散,表现在市场建筑里。市民们在这个由音乐凝成的城市里来往漫步,周旋在永恒的韵律之中。歌德谈到这段神话时,曾经指出人们在罗马彼得大教堂里散步也会有这同样的经验,会觉得自己是游泳在石柱林的乐奏的享受中。所以在十九世纪初,德国浪漫派文学家口里流传着一句话说："建筑是凝冻着的音乐。"说这话的第一个人据说是浪漫主义哲学家谢林,歌德认为这是一个美丽的思想。到了十九世纪中叶,音乐理论家和作曲家姆尼兹·豪普德曼把这句话倒转过来,他在他的名著《和声与节拍的本性》里称呼音乐是"流动着的建筑"。这话的意思是说音乐虽是在时间里流逝不停地演奏着,但它的内部却具有着极严整的形式,间架和结构,依顺着和声、节奏、旋律的规律,像一座建筑物那样。它里面有着数学的比例。我现在再谈谈近代法国诗人梵乐希写了一本论建筑的书,名叫《优班尼欧斯或论建筑》。这里有一段对话,是叙述一位建筑师和他的朋友费得诺斯在郊原散步时的谈话,他对费说:"听呵,费得诺斯,这个小庙,离这里几步路,我替赫尔墨斯建造的,假使你知道,它对我的意义是什么?当过路的人看见它,不外是一个丰姿绰约的小庙——一件小东西,四根石柱在一单纯的体式中——我在它里面却寄寓着我生命里一个光明日子的回忆,啊,甜蜜可爱的变化呀!这个窈窕的小庙宇,没有人想到,它是一个珂玲斯女郎的数学的造象呀!这个我曾幸福地恋爱着的女郎,这小庙是很忠实地复示着她的身体的特殊的比例,它为我活着。我寄寓于它的,它回赐给我。"费得诺斯说:"怪不得它有这般不可思议的窈窕呢!人在它里面真能感觉到一个人格的存在,一个女子的奇花初放,一个可爱的人儿的音乐的和谐。它唤醒一个不能达到边缘的回忆。而这个造型的开始——它的完成是你所占有的——已经足够解放心灵同时惊撼着它。倘使我放肆我的想象,我就要,你晓得,把它唤做一阕新婚的歌,里面夹着清亮的笛声,我现在已听到它在我内心里升起来了。"

这寓言里面有三个对象：

一、一个少女的窈窕的躯体——它的美妙的比例，它的微妙的数学构造。

二、但这躯体的比例却又是流动着的，是活人的生动的节奏、韵律；它在人们的想象里展开成为一出新婚的歌曲，里面夹着清脆的笛声，闪灼着愉快的亮光。

三、这少女的躯体，它的数学的结构，在她的爱人的手里却实现成为一座云石的小建筑，一个希腊的小庙宇。这四根石柱由于微妙的数学关系发出音响的清韵，传出少女的幽姿，它的不可模拟的谐和正表达着少女的体态。艺术家把他的梦寐中的爱人永远凝结在这不朽的建筑里，就像印度的夏吉汗为纪念他的美丽的爱妻塔姬建造了那座闻名世界的塔姬后陵墓。这一建筑在月光下展开一个美不可言的幽境，令人仿佛见到夏吉汗的痴爱和那不可再见的美人永远凝结不散，像一出歌。

从梵乐希那个故事里，我们见到音乐和建筑和生活的三角关系。生活的经历是主体，音乐用旋律、和谐、节奏把它提高、深化、概括，建筑又用比例、匀衡、节奏，把它在空间里形象化。

这音乐和建筑里的形式美不是空洞的，而正是最深入地体现出心灵所把握到的对象的本质。就像科学家用高度抽象的数学方程式探索物质的核心那样。"真"和"美"，"具体"和"抽象"，在这里是出于一个源泉，归结到一个成果。

在中国的古代，孔子是个极爱音乐的人，也是最懂得音乐的人。《论语》上说他在齐闻韶，三月不知肉味。曰："不图为乐之至于斯也！"他极简约而精确地说出一个乐曲的构造。《论语·八佾》篇载：子语鲁太师乐曰："乐，其可知也！始作，翕如也。从之，纯如也。皦如也，绎如也。以成。"起始，众音齐奏。展开后，协调着向前演进，音调纯洁。继之，聚精会神，达到高峰，主题突出，音调响亮。最后，收声落调，余音袅袅，情韵不匮，乐曲在意味隽永里完成。这是多么简约而美妙的描述呀！

但是孔子不只是欣赏音乐的形式的美，他更重视音乐的内容的善。《论语·八佾》篇又记载："子谓韶，尽美矣，又尽善也。谓武，尽美矣，未尽善也。"这善不只是表现在古代所谓圣人的德行事功里，也表现在一个初生的婴儿的纯洁的目光里面。西汉刘向的《说苑》里记述一段故事说："孔子至齐郭门外，遇婴儿，其视精，其心正，其行端，孔子曰：'趣驱之，趣驱之，韶乐将作。'"他看见这婴儿的眼睛里天真圣洁，神一般的境界，非常感动，叫他的御者快些走近到他那里去，韶乐将升起了。他把这婴儿的心灵的美比作他素来最爱敬的韶乐，认为这是韶乐所启示的内容。由于音乐能启示这深厚的内容，孔子重视他的教育意义，他不要放郑声，因郑声淫，是太过，太刺激，不够朴质。他是主张文质彬彬的，主张绘事后素，礼同乐是要基于内容的美的。所以《子罕》篇记载他晚年说："吾自卫反鲁，然后乐正，雅颂各得其所。"他的正乐，大概就是将三百篇的诗整理得能上管弦，而且合于韶武雅颂之音。

孔子这样重视音乐，了解音乐，他自己的生活也音乐化了。这就是生活里把"条理"、规律与"活泼的生命情趣"结合起来，就像音乐把音乐形式同情感内容结合起来那样。所以孟子赞扬孔子说："孔子，圣之时者也。孔子之谓集大成，集大成也者，金声而玉振之也。金声也者，始条理也。玉振之也者，终条理也。始条理者，智之事也。终条理者，圣之事也。智，譬则巧也，圣，譬则力也。由射于百步之外也，其至尔力也，其中，非尔力也。"力与智结合，才有"中"的可能。艺术的创造也是这样。艺术创作的完成，所谓"中"，不是简单的事。"其中，非尔力也"。光有力还不能保证它的必"中"呢！

从我上面所讲的故事和寓言里，我们看见音乐可能表达的三方面。一是形象的和抒情的：一个爱人的躯体的美可以由一个建筑物的数学形象传达出来，而这形象又好像是一曲新婚的歌。二是婴儿的一双眼睛令人感到心灵的天真圣洁，竟会引起孔子认为韶乐将作。三是孔子的丰富的人格是形式与内容的统一，始条理终条理，像一金声而玉振的交响乐。

《乐记》上说："歌者直己而陈德也。动己而天地应焉，四时和焉，星辰理焉，万物育焉。"中国古代人这样尊重歌者，不是和希腊神话里赞颂奥尔菲斯一样吗？但也可以从这里面看出它们的差别来。希腊半岛上城邦人民的意识更着重在城市生活里的秩序和组织，中国的广大平原的农业社会却以天地四时为主要环境，人们的生产劳动是和天地四时的节奏相适应。古人曾说，"同动谓之静"，这就是说，流动中有秩序，音乐里有建筑，动中有静。

　　希腊从梭龙到柏拉图都曾替城邦立法，着重在齐同划一，中国哲学家却认为"乐者天地之和，礼者天地之序"，"大乐与天地同和，大礼与天地同节"（《乐记》），更倾向着"和而不同"，气象宏廓，这就是更倾向"乐"的和谐与节奏。因而中国古代的音乐思想，从孔子的论乐、荀子的《乐论》到《礼记》里的《乐记》，——《乐记》里什么是公孙尼子的原来的著作，尚待我们研究，但其中却包含着中国古代极为重要的宇宙观念、政教思想和艺术见解。就像我们研究西洋哲学必须理解数学、几何学那样，研究中国古代哲学也要理解中国音乐思想。数学与音乐是中西古代哲学思维里的灵魂呀（两汉哲学里的音乐思想和嵇康的声无哀乐论都极重要）！数理的智慧与音乐的智慧构成哲学智慧。中国在哲学发展里曾经丧失了数学智慧与音乐智慧的结合，堕入庸俗，西方在毕达哥拉斯以后割裂了数学智慧与音乐智慧。数学孕育了自然科学，音乐独立发展为近代交响乐与歌剧，资产阶级的文化显得支离破碎。社会主义将为中国创造数学智慧与音乐智慧的新综合，替人类建立幸福的丰饶的生活和真正的文化。

　　我们在《乐记》里见到音乐思想与数学思想的密切结合。《乐记》上《乐象》篇里赞美音乐，说它"清明象天，广大象地，终始象四时，周旋象风雨，五色成文而不乱，八风从律而不奸，百度得数而有常。小大相成，终始相生，倡和清浊，迭相为经，故乐行而伦清，耳目聪明，血气和平，移风易俗，天下皆宁"。在这段话里见到音乐能够表象宇宙，内具规律和度数，对人类的精神和社会生活有良好影响，可以满足人们在哲学探讨里追求真、善、美的要求。音乐和度数和道德在源头上是结合着的。《乐记·师乙》篇上说："夫歌者直己而陈德也。动己而天地应焉，四诗和焉，星辰理焉，万物育焉。"德的范围很广，文治、武功、人的品德都是音乐所能陈述的德。所以《尚书·舜典》篇上说："帝曰：夔，命汝典乐，教胄子，直而温，宽而栗，刚而无虐，简而无傲。诗言志，歌永言，声依永，律和声，八音克谐，无相夺伦，神人以和。夔曰：于，予击石，拊石，百兽率舞。"

关于音乐表现德的形象，《乐记》上记载有关于大武的乐舞的一段，很详细，可以令人想见古代乐舞的"容"，这是表象周武王的武功，里面种种动作，含有戏剧的意味。同戏不同的地方就是乐人演奏时的衣服和舞时动作是一律相同的。这一段的内容是："且夫武，始而北出，再成而灭商，三成而南，四成而南国是疆，五成分，周公左，召公右，六成复缀，以崇天子。夹振之而驷伐，盛威于中国也。分夹而进，事蚤济也。久立于缀，以待诸侯之至也。"郑康成注曰："成，犹奏也，每奏武曲，一终为一成。始奏，像观兵盟津时也。再奏，像克殷时也。三奏，像克殷有余力而返也。四奏，像南方荆蛮之国侵畔者服也。五奏，像周公召公分职而治也。六奏，像兵还振旅也。复缀，反位止也。驷，当为四，声之误也。每奏四伐，一击一刺为一伐。分犹部曲也。事犹为也。济，成也。舞者各有部曲之列，又夹振之者，像用兵务于早成也。久立于缀，像武王伐纣待诸侯也。"（见《乐记·宾牟贾》篇)

我们在这里见到舞蹈、戏剧、诗歌和音乐的原始的结合。所以

《乐象》篇又说:"德者,性之端也。乐者,德之华也。金石丝竹,乐之器也。诗,言其志也。歌,咏其声也。舞,动其容也。三者本于心,然后乐器从之。是故情深而文明,气盛而化精,和顺积中,而英华发外,唯乐不可以为伪。"

古代哲学家认识到乐的境界是极为丰富而又高尚的,它是文化的集中和提高的表现。"情深而文明,气盛而化神,和顺积中,英华发外。"这是多么精神饱满,生活力旺盛的民族表现。"乐"的表现人生是"不可以为伪",就像数学能够表示自然规律里的真那样,音乐表现生活里的真。

我们读到东汉傅毅所写的《舞赋》,它里面有一段细致生动的描绘,不但替我们记录了汉代歌舞的实况,表出这舞蹈的多彩而精妙的艺术性。而最难得的,是他描绘舞蹈里领舞女子的精神高超,意象旷远,就像希腊艺术家塑造的人像往往表现不凡的神境,高贵纯朴,静穆庄丽。但傅毅所塑造的形象却更能艳若春花,清如白鹤,令人感到华美而飘逸。这是在我以上所引述的几种音乐形象之外,另具一格的。我们在这些艺术形象里见到艺术净化人生,提高精神境界的作用。

王世襄同志曾把《舞赋》里这一段描绘译成语体文,刊载音乐出版社《民族音乐研究论文集》第一集。傅毅的原文收在《昭明文选》里,可以参看。我现在把译文的一段介绍于下,便于读者欣赏:

当舞台之上可以蹈踏出音乐来的鼓已经摆放好了,舞者的心情非常安闲舒适。她将神志寄托在遥远的地方,没有任何的挂碍(原文:

舒意自广，游心无垠，远思长想……）。舞蹈开始的时候，舞者忽而俯身向下，忽而仰面向上，忽而跳过来，忽而跳过去。仪态是那样的雍容惆怅，简直难以用具体形象来形容（原文：其始兴也，若俯若仰，若来若往，雍容惆怅，不可为象）。再舞了一会儿，她的舞姿又像要飞起来，又像在行走，又猛然耸立着身子，又忽地要倾斜下来。她不假思索的每一个动作，以至手的一指，眼睛的一瞥，都应着音乐的节拍（原文：其少进也，若翱若行，若竦若倾，兀动赴度，指顾应声）。

轻柔的罗衣，随着风飘扬，长长的袖子，不时左右的交横，飞舞挥动，络绎不停，宛转裛绕，也合乎曲调的快慢（原文：罗衣从风，长袖交横，骆驿飞散，飒擖合并）。她的轻而稳的姿势，好像栖歇的燕子，而飞跃时的疾速又像惊弓的鹄鸟。体态美好而柔婉，迅捷而轻盈，姿态真是美好到了极点，同时也显示了胸怀的纯洁。舞者的外貌能够表达内心——神志正在杳冥之处游行（原文：鹍鹍燕居，拉搚鹄惊。绰约闲靡，机迅体轻，资绝伦之妙态，怀悫素之洁清，修仪操以显志兮，独驰思乎杳冥）。当她想到高山的时候，便真峨峨然有高山之势，想到流水的时候，便真洋洋然有流水之情（原文：在山峨峨，在水汤汤）。她的容貌随着内心的变化而改易，所以没有任何一点表情是没有意义而多余的（原文：与志迁化，容不虚生）。乐曲中间有歌词，舞者也能将它充分表达出来，没有使得感叹激昂的情致受到减损。那时她的气概真像浮云般的高逸，她的内心，像秋霜般的皎洁。像这样美妙的舞蹈，使观众都称赞不止，乐师们也自叹不如（原文：

明诗表指（同旨），喷（同喟）息激昂。气若浮云，志若秋霜，观者增叹，诸工莫当。）

单人舞毕，接着是数人的鼓舞，她们挨着次序，登上鼓，跳起舞来，她们的容貌服饰和舞蹈技巧，一个赛过一个，意想不到的美妙舞姿也层出不穷，她们望着般鼓则流盼着明媚的眼睛，歌唱时又露出洁白的牙齿，行列和步伐，非常整齐。往来的动作，也都有所象征的内容，忽而回翔，忽而高耸。真仿佛是一群神仙在跳舞，拍着节奏的策板敲个不住，她们的脚趾踏在鼓上，也轻疾而不稍停顿，正在跳得往来悠悠然的时候，倏忽之间，舞蹈突然中止。等到她们回身再开始跳的时候，音乐换成了急促的节拍，舞者在鼓上做出翻腾跪跌种种姿态，灵活委宛的腰支，能远远地探出，深深地弯下，轻纱做成的衣裳，像蛾子在那里飞扬。跳起来，有如一群鸟，飞聚在一起，慢起来，又非常舒缓，宛转地流动，像云彩在那里飘荡，她们的体态如游龙，袖子像白色的云霓。当舞蹈渐终，乐曲也将要完的时候，她们慢慢地收敛舞容而拜谢，一个个欠着身子，含着笑容，退回到她们原来的行列中去。观众们都说真好看，没有一个不是兴高采烈的……

在傅毅这篇《舞赋》里见到汉代的歌舞达到这样美妙而高超的境界。领舞女子的"资绝伦之妙态，怀悫素之洁清，修仪操以显志，独驰思乎杳冥"。她的"舒意自广，游心无垠，远思长想，在山峨峨，在水汤汤，与志迁化，容不虚生，明诗表旨，喟息激昂，气若浮云，志若秋霜"。中国古代舞女塑造了这一形象，由傅毅替我们传达下来，它的高超美妙，比起希腊人塑造的女神像来，具有她们的高贵，却比她们更活泼，更华美，更有远神。

欧阳修曾说："闲和严静，趣远之心难形。"晋人就曾主张艺术意境里要有"远神"。陶渊明说："心远地自偏。"这类高逸的境界，我们已在东汉的舞女的身上和她的舞姿里见到。庄子的理想人物：藐姑射神人，绰约若处子，肌肤若冰雪，也体现在元朝倪云林的山水竹石里面。这舞女的神思意态也和魏晋人钟王的书法息息相通。王献之《洛神赋》书法的美不也是"翩若惊鸿，婉若游龙"，"神光离合，乍阴乍阳""皎若太阳升朝霞，灼若芙蕖出渌波"吗？（所引皆《洛神赋》中句）我们在这里不但是见到中国哲学思想、绘画及书法思想[①]和这舞蹈境界密切关联，也可以令人体会到中国古代的美的理想和由这理想所塑造的形象。这是我们的优良传统，就像希腊的神像雕塑永远是欧洲艺术不可企及的范本那样。

关于哲学和音乐的关系，除掉孔子的谈乐，荀子的《乐论》，《礼记》里《乐记》，《吕氏春秋》《淮南子》里论乐诸篇，嵇康的《声无哀乐论》（这文可和德国十九世纪汉斯里克的《论音乐的美》作比较研究），还有庄子主张"视乎冥冥，听乎无声，冥冥之中，独见晓焉，无声之中，独闻和焉，故深之又深，而能物焉"（《天地》）。这是领悟宇宙里"无声之乐"，也就是宇宙里最深微的结构

---

[①] 书法里的形式美的范畴主要是从空间形象概括的，音乐美的范畴主要是从时间形象概括的，却可以相通。

型式。在庄子，这最深微的结构和规律也就是他所说的"道"，是动的，变化着的，像音乐那样，"止之于有穷，流之于无止"。这道和音乐的境界是"逐丛生林，乐而无形，布挥而不曳，幽昏而无声，动于无方，居于窈冥……行流散徙，不主常声……充满天地，苞裹六极"（《天运》），这道是一个五音繁会的交响乐。"逐丛生林"，就是在群声齐奏里随着乐曲的发展，涌现繁富的和声。庄子这段文字使我们在古代"大音希声"，淡而无味的，使魏文侯听了昏昏欲睡的古乐之外，还知道有这浪漫精神的音乐。这音乐，代表着南方的洞庭之野的楚文化，和楚铜器漆器花纹声气相通，和商周文化有对立的形势，所以也和古乐不同。

庄子在《天运》篇里所描述的这一出"黄帝张于洞庭之野的咸池之乐"，却是和孔子所爱的北方的大舜的韶乐有所不同。《书经·舜典》上所赞美的乐是"声依永，律和声，八音克谐，无相夺伦，神人以和"的古乐，听了叫人"心气和平""清明在躬"。而咸池之乐，依照庄子所描写和他所赞叹的，却是叫人"惧""怠""惑""愚"，以达于他所说的"道"。这是和《乐记》里所谈的儒家的音乐理想确正相反，而叫我们联想到十九世纪德国乐剧大师华格耐尔晚年精心的创作《巴希法尔》。这出浪漫主义的乐剧是描写阿姆伏塔斯通过"纯愚"巴希法尔才能从苦痛的罪孽的生活里解救出来。浪漫主义是和"惧""怠""惑""愚"有密切的姻缘。所以我觉得《庄子·天运》篇里这段对咸池之乐的描写是极其重要的，它是我们古代浪漫主义思想的代表作，可以和《书经·舜典》

里那一段影响深远的音乐思想作比较观,尽管《书经》里这段话不像是尧舜时代的东西,《庄子》里这篇咸池之乐也不能上推到黄帝,两者都是战国时代的思想,但从这两派对立的音乐思想——古典主义的和浪漫主义的——可以见到那时音乐思想的丰富多彩,造诣精微,今天还有钻研的价值。由于它的重要,我现在把《庄子·天运》篇里这段全文引在下面:

北门成问于黄帝曰:"帝张咸池之乐于洞庭之野,吾始闻之惧,复闻之怠,卒闻之而惑,荡荡默默,乃不自得。"帝曰:"汝殆其然哉!吾奏之以人,征之以天,行之以礼义,建之以太清……四时迭起,万物循生,一盛一衰,文武伦经。一清一浊,阴阳调和,流光其声,蛰虫始作,吾惊之以雷霆。其卒无尾,其始无首。一死一生,一偾一起,所常无穷,而一不可待。汝故惧也。吾又奏之以阴阳之和,烛之以日月之明,其声能短能长,能柔能刚,变化齐一,不主故常。在谷满谷,在坑满坑。涂却守神(意谓涂塞心知之孔隙,守凝一之精神),以物为量。其声挥绰,其名高明。是故鬼神守其幽,日月星辰行其纪。吾止之于有穷,流之于无止(意谓流与止一顺其自然也)。子欲虑之而不能知也,望之而不能见也,逐之而不能及也。傥然立于四虚之道,倚于槁梧而吟,目之穷乎所欲见,力屈乎所欲逐,吾既不及,已夫。(按:这正是华格耐尔音乐里"无止境旋律"的境界,浪漫精神的体现)形充空虚,乃至委蛇,汝委蛇,故怠。(你随着它委蛇而委蛇,不自主动,故怠)吾又奏之以无怠之声,调之以自然之命。故若混逐丛生（按：此言重振主体能动性，以便和自然的客观规律相浑合）林乐而无形，布挥而不曳（此言挥霍不已，似曳而未尝曳），幽昏而无声，动于无方，居于窈冥，或谓之死，或谓之生，或谓之实，或谓之荣，行流散徙，不主常声。世疑之，稽于圣人。圣人者，达于情而遂于命也。天机不张，而五官皆备，此之谓天乐，无言而心悦。故有焱氏为之颂曰："听之不闻其声，视之不见其形，充满天地，苞裹六极。"汝欲听之，而无接焉，尔故惑也（此言主客合一，心无分别，有如暗惑）。乐也者，始于惧，惧故祟（此言乐未大和，听之悚惧，有如祸祟）。吾又次之以怠，怠故遁（此言遁于忘我之境，泯灭内外）。卒之于惑，惑故愚。愚故道（内外双忘，有如愚迷，符合老庄所说的道。大智若愚也）。道可载而与之俱也（人同音乐偕入于道）。"

老庄谈道，意境不同。老子主张"致虚极，守静笃，万物并作，吾以观其复"。他在狭小的空间里静观物的"归根""复命"。他在三十辐所共的一个毂的小空间里，在一个抟土所成的陶器的小空间里，在"凿户牖以为室"的小空间的天门的开阖里观察到"道"。道就是在这小空间里的出入往复，归根复命。所以他主张守其黑，知其白，不出户，知天下。他认为"五色令人目盲，五音令人耳聋"，他对音乐不感兴趣。庄子却爱逍遥游，他要游于无穷，寓于无境。他的意境是广漠无边的大空间。在这大空间里作逍遥游是空间和时间的合一。而能够传达这个境界的正是他所描写的，在洞庭之野所展开的咸池之乐。所以庄子爱好音乐，并且是弥漫着浪漫精神的音乐，这是战国时代楚文化的优秀传统，也是以后中国音乐文化里高度艺术性的源泉。探讨这一条线的脉络，还是我们的音乐史工作者的课题。

以上我们讲述了中国古代寓言和思想里可以见到的音乐形象，现在谈谈音乐创作过程和音乐的感受。《乐府古题要解》里解说琴曲《水仙操》的创作经过说："伯牙学琴于成连，三年而成。至于精神寂寞，情之专一，未能得也。成连曰：'吾之学不能移人之情，吾之师有方子春在东海中'。乃赍粮从之，至蓬莱山，留伯牙曰：'吾将迎吾师'！划船而去，旬日不返。伯牙心悲，延颈四望，但闻海水汩没，山林窅冥，群鸟悲号。仰天叹曰：'先生将移我情！'乃援操而作歌云：'繄洞庭兮流斯护，舟楫逝兮仙不还。移形素兮蓬莱山，欷钦伤宫仙不还'。伯牙遂为天下妙手。"

"移情"就是移易情感，改造精神，在整个人格的改造基础上才能完成艺术的造就，全凭技巧的学习还是不成的。这是一个深刻的见解。

至于艺术的感受，我们试读下面这首诗。唐诗人郎士元《听邻家吹笙》诗云："凤吹声如隔彩霞，不知墙外是谁家。重门深锁无寻处，疑有碧桃千树花。"这是听乐时引起人心里美丽的意象："碧桃千树花"。但是这是一般人对于音乐感受的习惯，各人感受不同，主观里涌现出的意象也就可能两样。"知音"的人要深入地把握音乐结构和旋律里所潜伏的意义。主观虚构的意象往往是肤浅的。"志在高山，志在流水"时，作曲家不是模拟流水的声响和高山的形状，而是创造旋律来表达高山流水唤起的情操和深刻的思想。因此，我们在感受音乐艺术中也会使我们的情感移易，受到改造，受到净化、深化和提高的作用。唐诗人常建的《江上琴兴》一诗写出了这净化深化的作用。

江上调玉琴，一弦清一心。泠泠七弦遍，万木澄幽阴。
能使江月白，又令江水深。始知梧桐枝，可以徽黄金。

琴声使江月加白，江水加深。不是江月的白，江水的深，而是听者意识体验得深和纯净。明人石沆《夜听琵琶》诗云：

娉婷少妇未关愁，清夜琵琶上小楼。
裂帛一声江月白，碧云飞起四山秋！

音响的高亮，令人神思飞动，如碧云四起，感到壮美。这些都是从听乐里得到的感受。它使我们对于事物的感觉增加了深度，增加了纯净。就像我们在科学研究里通过高度的抽象思维，离开了自然的表面，反而深入到自然的核心，把握到自然现象最内在的数学规律和运动规律那样，音乐领导我们去把握世界生命万千形象里最深的节奏的起伏。庄子说："无声之中，独闻和焉"。所以我们的戏曲里运用音乐的伴奏才更深入地刻画出剧情和动作。希腊的悲剧原来诞生于音乐呀！

音乐使我们心中幻现出自然的形象，因而丰富了音乐感受的内容。画家诗人却由于在自然现象里意识到音乐境界而使自然形象增加了深度。六朝画家宗炳爱游山水，归来后把所见名山画在壁上，"坐卧向之。谓人曰：抚琴动操，欲令众山皆响。"唐初诗人沈佺期有《范山人画山水歌》云：

山峥嵘，水泓澄，漫漫汗汗一笔耕，一草一木栖神明。忽如空中有物，物中有声，复如远道望乡客，梦绕山川身不行。

身不行而能梦绕山川，是由于"空中有物，物中有声"，而这又是由于"一草一木栖神明"，才启示了音乐境界。

这些都是中国古代的音乐思想和音乐意象。

笔者附记：1961年12月28日中国音乐家协会约我作了这个报告，现在展写成篇，请读者指教。

原载1962年1月30日《光明日报》

## 六 ○ 关于山水诗画的点滴感想

民歌开端的句子多半是采取自然景物。民歌里的"月子弯弯照九州"早已被古人注意到了。这就是所谓起兴。见景生情，因物起兴，这本是写诗时很自然的过程。《诗经》三百篇里有些被古人称作"兴"体的，多半是开端两句或一句描写自然景物：山水、鸟兽、草木等，以便引起下面的思想情感。主观里被引起的这种思想情感和客观的形象结合着，使形象成了思想情感的象征，歌唱出来，便成了诗。民歌里的"船夫号子"的领唱者在摇桨前进中四面瞻望，看见天际乌云卷起，风来浪涌，便用歌词唱了出来，指挥众人注意加劲划桨，勇猛向前，抵抗风暴。众人边唱边划，紧张地度过风险，天晴浪静后歌声徐缓，悠然远逝。如《澧水船夫号子》就是一首很好的壮丽紧张的歌曲，不亚于《伏尔加船夫曲》。《诗经》三百篇里本来大部分是民歌，保存了不少这种从劳动中来的"兴"体的诗。这"兴"体诗是以形容自然景物开端的。山水风物的描写在这里建立了它的根基。《诗经》里这类的景物描写是优秀而有力的。刘勰在他著名的

《文心雕龙》里说:"原夫登高之皆,盖睹物兴情,情以物兴,故义必明雅;物以情观,故辞必巧丽。"(《诠赋》)又说:"山沓水匝,树杂云合。目既往还,心亦吐纳。春日迟迟,秋风飒飒。情往似赠,兴来如答。"(《物色》)明末爱国思想家王船山在他的《夕堂永日绪论内编》里说:"不能作景语,又何能作情语耶?古人绝唱多景语,如'高台多悲风''蝴蝶飞南园''池塘生春草''亭皋木叶下''芙蓉露下落',皆是也。而情寓其中矣。以写景之心理言情,则身心独喻之微轻安拈出。"好一个"身心独喻之微轻安拈出"。明末遗民石涛在国破家亡之后所画的山水画里,就寄托了他的悲愤、抑郁。他的朋友张鹤野题他的山水画说:"零碎山川颠倒树,不成图画更伤心。"鹤野又题一幅《渔翁垂钓图》说:"可怜大地鱼虾尽,犹有垂竿独钓翁。"这里写出了满人入关后,人民所遭的惨劫。宋朝遗民郑所南画兰草不画兰根及泥土,表示大宋已失去了国土,这幅画和他所写的《心史》出于同一沉痛的心情。

山水、花鸟和草木不也是能寄托深刻的政治意识吗?歌德的《浮士德》末尾总结性的两句诗说:"一切的消逝者,都是一象征。"屈原拿美人、香草寄托他的爱国热情,不是成了千古的名作吗?所以主要的问题是看你怎样处理这些题材。题材是画家、诗人寄托思想感情的客体形象,在艺术境界里主要的还是它所寄托和表达出来的思想情感。所以,题材可以取之于世界上的万千形象。没有什么形象是消极的。山水是大物,对于我们思想感情的启发是非常广泛而深厚的。人类所接触的山水环境本是人类加工的结果,是"人化的自然"。喜爱山水就是喜爱人类自己的成就。陶渊明歌颂"良苗亦怀新",是因为这良苗的怀新有他自己的劳动在里面。他"采菊东篱下,悠然见南山",是因为南山给予了他劳动时的安慰和精神上的休息。陶渊明正是在自己辛勤的劳动里体会到大自然山水给予他的慈惠和精神的养育。谢灵运的政治野心也在他的泛海诗句"溟涨无端倪,虚舟有超越"里透露了出来,招致统治阶层的疑忌。

中国社会主义的建设,使我国的山河大地改变了容貌,我们更加感到"江山如此多娇"。革命领袖赞美了这新的手创的江山,傅抱石、关山月又把这诗句画了出来,这就是我们新的山水诗画的代表作。我们有《黄河大合唱》,我们有《春到西藏》,还有许许多多赞颂我们新江山的山水画、山水诗。自有人类历史以来,这山水就和人类血肉相连,人类世世代代的情感、思想、希望和劳动都在这山水里刻下了深刻的烙印。中国的山水已具有着中国人民的精神面貌,假使有人从海外归来,脚踏上我们的国土时,就会亲切地感受到中国山水的特殊意味和境界,而这些意味也早已反映在我国千余年来的山水诗画里。这些山水诗画达到极高的艺术成就,并早已为各国艺术界所赞扬和研究。宋元的山水花鸟画在清朝末年不被本国反动统治阶级重视,无价的珍品流落海外的也极多。解放以后,我国政府珍贵文化遗产,才彻底地禁止出国,好让我们来继承它和向前推进。我们要描写劳动人民,我们也要歌唱和描绘伟大的中国劳动人民所"人化的自然"。

这有什么不好呢?

问题是我们要拿新的、积极的眼光和情绪欣赏山水,要用新的手法和风格创作出新的山水诗画,赶上和超过我们的优秀遗产。只有我们在自己的辛勤缔造中才会亲切地体会到我们祖宗遗产的优秀和丰富。我们要赶上它,超越它,不是说说就可以做到的。谦虚学习是进步的起点。

原载《文学评论》1961年第1期

## 七 ○ 戏曲在文艺上的地位

今天本栏登了一篇宋春舫先生讨论"改良中国戏曲"的演说词，很有价值。中国旧式戏曲有改良的必要，已无庸细述。不过我的私意，以为中国戏曲改良的一件事，实属非常困难。一因旧式戏曲中人积习深厚，积势洪大，不容易肯接受改良运动。二因中国旧式戏曲中有许多坚强的特性，不能够根本推翻，也不必根本推翻。所以我的意思，以为一方面固然要去积极设法改革旧式戏曲中种种不合理的地方，一方面还是去创造纯粹的独立的有高等艺术价值的新戏曲。那么，我们第一步的事业就是制造新剧本。这种新剧本的制作有两种，一是翻译欧美名剧，一是自由创造。两种都不是容易的事，而我看我国研究文学的人，研究戏曲的似乎比较那研究抒情文学的要少一点，所以我今天想随便把戏曲文学的价值说两句，想借此引起我国青年研究戏曲文学的兴趣。

欧洲文学家分别文艺的内容为主要的三大门类：一、抒情文学（Lyrik），二、叙事文学（Epik），三、戏曲文学（Drama）。抒情文学的目的是注重描写人的内心的情绪思想的活动，他虽不能不附带着描写些外境事实，但总是以主观情绪为主，客观境界为宾，可以算是纯洁主观的文学。叙事文学的目的是处于客观的地位描写一件外境事实的变迁，不甚参加主观情绪的色彩，他可算是纯粹客观的文学。这两种文学的起源及进化当以叙事文学在先，抒情文学在后，而这两种文学结合的产物乃成戏曲的文学。

抒情文学的对象是"情"，叙事文学的对象是"事"，戏曲文学的目的却是那由外境事实和内心情绪交互影响产生的结果——人的"行为"。所以戏曲的制作要同时一方面表写出人的行为由细微的情绪上的动机，积渐造成为坚决的意志，表现成外界实际的举动，一方面表写那造成这种种情绪变动、意志变动的因，即外境事实和自己举动的反响。所以戏曲的目的不是单独地描写情绪，如抒情文学，也不是单独描写事实，如叙事文学，他的目的是："表写那能发生行为的情绪和那些能激成行为的事实。"戏曲的中心就是"行为"的艺术的表现。

这样看来，戏曲的艺术是融合抒情文学和叙事文学而加之新组织的，他是文艺中最高的制作，也是最难的制作。他的产生在各种文艺发达以后。中国到现在还不见有完全的艺术的戏曲制作，也无足怪了。

本来文艺的发展也是依着人类精神生活发展的次序的。最初的人类精神大部分是向着外界，注意外界事实的变迁，所以叙事乃得发展。后来精神生活进化，反射作用发达，注意到内心情绪思想的活动，于是乃有抒情文学。最后表写到人心与环境种种关系产生的结果——人类的行为，才有戏曲文学产生。戏曲文学在文艺上实处最高地位，中国戏曲文学不甚发达乃是中国文艺发展不及欧洲的征象，望吾国青年文学家注意。

原载1920年3月30日《时事新报·学灯》

## 八 ◦ 徐悲鸿与中国绘画

徐君《国画集》刊行于柏林巴黎，为写此文以介绍于西人。

当西历纪元第五世纪，中国绘画已经历汉魏六朝发展臻于高点。人物画大盛，山水画亦已入佳境。顾恺之、陆探微、张僧繇等大放光芒，照耀百世。于是谢赫综合画学理论辑成绘画之六法：曰气韵生动，曰骨法用笔，曰应物象形，曰随类赋彩，曰经营位置，曰传移模写。此六法中之应物象形与随类赋彩，即是临摹自然，刻画造化中之真形态。经营位置，是布置万象于尺幅之中，使自然之境界成艺术之境界。骨法用笔则是中国绘画工具之特点。笔与墨之运用，神妙无穷：可以写轮廓，可以供渲染，有干笔湿笔轻重虚实巧拙繁简之分，而宇宙间万种形象，山水云烟，人物花鸟，皆幻现于笔底。且笔之运用，存于一心，通于腕指，为人格个性直接表现之枢纽。故书法为中国特有之高级艺术：以抽象之笔墨表现极具体之人格风度及个性情感，而其美有如音乐。且中国文字原本象形，即缩写物象中抽象之轮廓要点，而遗弃其无关于物之精粹结构的部分。故与文字同源之中国绘画，自始即不重视物之"阴影"。非不能绘，不欲绘，不必绘也。（西画以阴影为目睹之实境而描画之，乃有凸凹。中画以阴影为虚幻而不欲画之，乃超脱凸凹，自成妙境。）

中国古代画家多为耽嗜老庄思想之高人逸士。彼等忘情世俗，于静中观万物之理趣。其心追手摹表现于笔墨者，亦此物象中之理趣而已。（理者物之定形，趣者物之生机。）苏东坡云："余尝论画，以为人禽宫室器用皆有常形；至于山石竹木，水波烟云，虽无常形，而有常理。常形之失，人皆知之。常理之不当，虽晓画者有不知。"东坡之所谓常理，实造化生命中之内部结构，亦不能离生命而存者也。山水人物花鸟中，无往而不寓有浑沦宇宙之常理。宋人尺幅花鸟，于寥寥数笔中，写出一无尽之自然，物理具足，生趣盎然。故笔法之妙用为中国画之特色，传神写形，流露个性，皆系于此。清代画家邹一桂尝讥西洋画为无笔法，其实西洋画家亦未尝不重视用笔：尤以炭笔素描于笔致起落中表现物体之生命。惟中国画笔法之异于西洋油画者，即在简之一字。清画家恽格（南田）云："画以简为尚。简之入微，则洗尽尘滓，独存孤迥。"恽本初云："画家以简洁为上。简者简于象，非简于意。简之至者，缛之至也。"故徐悲鸿君称艺有两德为最难诣者：曰华贵，曰静穆；而造诣之道则在练与简。其言曰："中国画以黑墨写于白纸或绢，其精神在抽象。杰作中最现性格处在练。练则简。简则几乎华贵，为艺之极则矣。"此实中国画法所到之最高境界。华贵而简，乃宇宙生命之表象。造化中形态万千，其生命之原理则一。故气象最华贵之午夜星天，亦最为清空高洁，以其灿烂中有秩序也。此宇宙生命中一以贯之之道，周流万汇，无往不在；而视之无形，听之无声。老子名之为虚无；此虚无非真虚无，乃宇宙中浑沦创化之原理，亦即画图中所谓生动之气韵。画家抒写自然，即是欲表现此生动之气韵；故谢赫列为六法第一，实绘画最后之对象与结果也。

生动之气韵笼罩万物，而空灵无迹，故在画中为空虚与流动。中国画最重空白处。空白处并非真空，乃灵气往来生命流动之处。且空而后能简，简而练，则理趣横溢，而脱略形迹。然此境不易到也，必画家人格高尚，秉性坚贞，不以世俗利害营于胸中，不以时代好尚惑其心志，乃能沉潜深入万物核心，得其理趣，胸怀洒落，庄子所谓能与天地精神往来者，乃能随手拈来都成妙谛。中国绘画能完全达此境界者，首推宋元大家。惟后来亦代不乏人，未尝中绝。近代则任伯年为徐悲鸿君所最推重，而徐君自己亦以中国美术之承继者自任。徐君幼年历遭困厄，而坚苦卓绝，不因困难而挫志，不以荣誉而自满。且认定一切艺术当以造化为师，故观照万物，临摹自然，求目与手之准确精练（在柏林动物园中追摹狮之生活形态，素描以千数计）。有时或太求形似，但自谓"因心惊造化之奇，终不愿牺牲自然形貌，而强之就吾体式，宁屈吾体式而曲全造化之妙。"斯真中国绘画传统之真旨。盖中国古代绘画，实先由形似之极致而超入神奇之妙境者也。花鸟虫鱼之为写实不论矣；即号称理想境界之山水画，实亦画家登高远眺之云山烟景。郭熙云："山水大物也，鉴者须远观，方见一障山水之形势气象。"其实真山水中之云烟变幻，景物空灵，乃有过于画中山水者。且画家所欲画者自然界之气韵生动。刘熙载云："山之精神写不出，以烟霞写之；春之精神写不出，以草树写之。"于此可以窥见中国画家写实而能空灵之秘密矣。

徐君以二十年素描写生之努力，于西画写实之艺术已深入堂奥；今乃纵横其笔意以写国画，由巧而返于拙，乃能流露个性之真趣，表现自然之理趣。昔画家徐鼎尝自跋其画云："有法归于无法，无法归于有法，乃为大成。"徐君现已趋向此大成之道。中国文艺不欲复兴则已，若欲复兴，则舍此道无他途矣。

附言：中国画以笔墨写出物之神态意境，恍如目睹。但画境内虽有深有空，有明暗阴阳，有远近，却无显明之立体凹凸与阴影如西洋画。虽六朝时张僧繇画凹凸花，远望眼晕凹凸如真。但后来中国画始终不肯画阴影，不肯用透视法刻画手可捉摸之立体。画面中处处灵虚，多有空白，若一刻画便有匠气。而西画不然，此为中西画根本不同之点，殊堪注意，曾于《图书评论》第二期（按：即《介绍两本关于中国画学的书并论中国的绘画》一文）从宇宙观及技术工具之观点比较略论及之，读者可参阅。

原载《国风》1932年第4期

## 九 ○ 中国文化的美丽精神往哪里去

　　印度诗哲泰戈尔在国际大学中国学院的小册里曾说过这几句话："世界上还有什么事情比中国文化的美丽精神更值得宝贵的？中国文化使人民喜爱现实世界，爱护备至，却又不致陷于现实得不近情理！他们已本能地找到了事物的旋律的秘密。不是科学权力的秘密，而是表现方法的秘密。这是极其伟大的一种天赋。因为只有上帝知道这种秘密。我实妒忌他们有此天赋，并愿我们的同胞亦能共享此秘密"。

　　太戈尔这几句话里包含着极精深的观察与意见，值得我们细加考察。

　　先谈"中国人本能地找到了事物的旋律的秘密"。东西古代哲人都曾仰观俯察探求宇宙的秘密。但希腊及西洋近代哲人倾向于拿逻辑的推理、数学的演绎、物理学的考察去把握宇宙间质力推移的规律，一方面满足我们理知了解的需要，一方面导引西洋人，去控制物力，发明机械，利用厚生。西洋思想最后所获着的是科学权力的秘密。

　　中国古代哲人却是拿"默而识之"的观照态度去体验宇宙间生生不已的节奏，太戈尔所谓旋律的秘密。《论语》上载：

子曰："予欲无言！"子贡曰："夫子不言，则小子何述焉？"
子曰："天何言哉。四时行焉，百物生焉，天何言哉！"

四时的运行，生育万物，对我们展示着天地创造性的旋律的秘密。一切在此中生长流动，具有节奏与和谐。古人拿音乐里的五声配合四时五行，拿十二律分配于十二月（《汉书·律历志》），使我们一岁中的生活融化在音乐的节奏中，从容不迫而感到内部有意义有价值，充实而美。不像现在大都市的居民灵魂里，孤独空虚。英国诗人艾略特有"荒原"的慨叹。

不但孔子，老子也从他高超严冷的眼里观照着世界的旋律。他说："致虚极，守静笃，万物并作，吾以观其复！"

活泼的庄子也说他"静而与阴同德，动而与阳同波"，他把他的精神生命体合于自然的旋律。

孟子说他能"上下与天地同流"。荀子歌颂着天地的节奏：

列星随旋，日月递照，四时代御，阴阳大化，风雨博施，万物各得其和以生，各得其养以成。

我们不必多引了，我们已见到了中国古代哲人是"本能地找到了宇宙旋律的秘密"。而把这获得的至宝，渗透进我们的现实生活，使我们生活表现礼与乐里，创造社会的秩序与和谐。我们又把这旋律装饰到我们的日用器皿上，使形下之器启示着形上之道（即生命的旋律）。中国古代艺术特色表现在他所创造的各种图案花纹里，而中国最光荣的绘画艺术也还是从商周铜器图案、汉代砖瓦花纹里脱胎出来的呢！

"中国人喜爱现实世界，爱护备至，却又不致现实得不近情理"。我们在新石器时代从我们的日用器皿制出玉器，作为我们政治上、社会上及精神人格上美丽的象征物。我们在铜器时代也把我们的日用器皿，如烹饪的鼎、饮酒的爵等，制造精美，竭尽当时的艺术技能，他们成了天地境界的象征。我们对最现实的器具，赋予崇高的意义，优美的形式，使它们不仅仅是我们役使的工具，而是可以同我们对语、同我们情思往还的艺术境界。后来我们发展了瓷器（西人称我们是瓷国）。瓷器就是玉的精神的承续与光大，使我们在日常现实生活中能充满着玉的美。

但我们也曾得到过科学权力的秘密。我们有两大发明：火药同指南针。这两项发明到了西洋人手里，成就了他们控制世界的权力，陆上霸权与海上霸权，中国自己倒成了这霸权的牺牲品。我们发明着火药，用来创造奇巧美丽的烟火和鞭炮，使我一般民众在一年劳苦休息的时候，新年及春节里，享受平民式的欢乐。我们发明指南针，并不曾向海上取霸权，却让风水先生勘定我们庙堂、居宅及坟墓的地位和方向，使我们生活中顶重要的"住"，能够选择优美适当的自然环境，"居之安而资之深"。我们到郊外，看那山环水抱的亭台楼阁，如入图画。中国建筑能与自然背景取得最完美的调协，而且用高耸天际的层楼飞檐及环拱柱廊、栏杆台阶的虚实节奏，昭示出这一片山水里潜流的旋律。

漆器也是我们极早的发明,使我们的日用器皿生光辉,有情韵。最近沈福文君引用古代各时期图案花纹到他设计的漆器里,使我们再能有美丽的器皿点缀我们的生活,这是值得兴奋的事。但是要能有大量的价廉的生产,使一般人民都能在日常生活中时时接触趣味高超、形制优美的物质环境,这才是一个民族的文化水平的尺度。

中国民族很早发现了宇宙旋律及生命节奏的秘密,以和平的音乐的心境爱护现实,美化现实,因而轻视了科学工艺征服自然的权力。这使我们不能解救贫弱的地位,在生存竞争剧烈的时代,受人侵略,受人欺侮,文化的美丽精神也不能长保了,灵魂里粗野了,卑鄙了,怯懦了,我们也现实得不近情理了。我们丧尽了生活里旋律的美(盲动而无秩序)、音乐的境界(人与人之间充满了猜忌、斗争)。一个最尊重乐教、最了解音乐价值的民族没有了音乐。这就是说没有了国魂,没有了构成生命意义、文化意义的高等价值。中国精神应该往哪里去?

近代西洋人把握科学权力的秘密(最近如原子能的秘密),征服了自然,征服了科学落后的民族,但不肯体会人类全体共同生活的旋律美,不肯"参天地,赞化育",提携全世界的生命,演奏壮丽的交响乐,感谢造化宣示给我们的创化机密,而以厮杀之声暴露人性的丑恶,西洋精神又要往哪里去?哪里去?这都是引起我们惆怅、深思的问题。

1946年,南京,《艺境》未刊本

# 十 ○ 歌德之人生启示

　　人生是什么？人生的真相如何？人生的意义何在？人生的目的是何？这些人生最重大最中心的问题，不只是古来一切大宗教家哲学家所殚精竭虑以求解答的。世界上第一流的大诗人凝神冥想，深入灵魂的幽邃，或纵身大化中，于一朵花中窥见天国，一滴露水参悟生命，然后用他们生花之笔，幻现层层世界，幕幕人生，归根也不外乎启示这生命的真相与意义。宗教家对这些问题的方法与态度是预言的说教的，哲学家是解释的说明的，诗人文豪是表现的启示的。荷马的长歌启示了希腊艺术文明幻美的人生与理想，但丁的神曲启示了中古基督教文化心灵的生活与信仰。莎士比亚的剧本表现了文艺复兴时人们的生活矛盾与权力意志。至于近代的，建筑于这三种文明精神之上而同时开展一个新时代，所谓近代人生，则由伟大的歌德以他的人格、生活、作品表现出它的特殊意义与内在的问题。

　　歌德对人生的启示有几层意义，几种方面。就人类全体讲，他的人格与生活可谓极尽了人类的可能性。他同时是诗人、科学家、政治家、思想家，他也是近代泛神论信仰的一个伟大的代表。他表现了西方文明自强不息的精神，又同时具有东方乐天知命宁静致远的智慧。德国哲学家息默尔（Simmel）说："歌德的人生所以给我们以无穷兴奋与深沉的安慰的，就是他只是一个人，他只是极尽了人性，但却如此伟大，使我们对人类感到有希望，鼓动我们努力向前做一个人。"我们可以说歌德是世界的一扇明窗，我们由他窥见了人生生命永恒幽邃奇丽广大的天空！

　　再狭小范围，就欧洲文化的观点说，歌德确是代表文艺复兴以后近代人的心灵生活及其内在的问题。近代人失去了希腊文化中人与宇宙的谐和，又失去了基督教对一超越上帝虔诚的信仰。人类精神上获得了解放，得着了自由；但也就同时失所依傍，彷徨摸索，苦闷，追求，欲在生活本身的努力中寻得人生的意义与价值。歌德是这时代精神伟大的代表，他的主著《浮士德》是这人生全部的反映与其问题的解决［现代哲学家斯宾格勒（Spengler）在他的名著《西方文化之衰落》中名近代文化为浮士德文化］。歌德与其替身浮士德一生生活的内容就是尽量体验这近代人生特殊的精神意义，了解其悲剧而努力以解决其问题，指出解救之道。所以有人称他的浮士德是近代人的圣经。

　　但歌德与但丁、莎士比亚不同的地方，就是他不单是由作品里启示我们人生真相，尤其在他自己的人格与生活中表现了人生广大精微的义谛。所以我们也就从两方面去接受歌德对于人类的贡献：一、从他的人格与生活了解人生之意义，二、从他的文艺作品欣赏人生真相之表现。

### 一、歌德人格与生活之意义

比学斯基（Bielschowsky）在歌德传记导论中分析歌德人格的特性，描述他生活的丰富与矛盾，最为详尽（见拙译《歌德论》）。但这个矛盾丰富的人格终是一个谜。所谓谜，就是这些矛盾中似乎潜伏着一个道理，由这个道理我们可以解释这个谜，而这个道理也就是构成这个谜的原因。我们获着这个道理解释了这谜，也就可说是懂了那谜的意义。歌德生活中之矛盾复杂最使人有无穷的兴趣去探索他人格与生活的意义，所以人们关于歌德生活的研究与描述异常丰富，超过世界任何文豪。近代德国哲学家努力于歌德人生意义的探索者尤多，如齐美尔（Simmel）、李凯尔特（Rickett）、龚多夫（Gundolf）、寇乃曼（Küehnemann）、可尔夫（Korff）等，尤以可尔夫的研究颇多新解。我们现在根据他们的发挥，略参个人的意见，叙述于后。

我们先再认清这歌德之谜的真面目：第一个印象就是歌德生活全体的无穷丰富，第二个印象是他一生生活中一种奇异的谐和，第三个印象是许多不可思议的矛盾。这三种相反的印象却是互相依赖，但也使我们表面看来，没有一个整个的歌德而呈现无数歌德的图画。首先有少年歌德与老年歌德之分。细看起来，可以说有一个莱布齐希大学学生的歌德，有一个少年维特的歌德，有一个魏玛朝廷的歌德，有一个意大利旅行中的歌德，与席勒交友时的歌德，艾克曼谈话中的哲人歌德。这就是说歌德的人生是永恒变迁的，他当时朋友都有此感，他与朋友爱人间的种种误会与负心皆由于此。人类的生活本都是变迁的，但歌德每一次生活上的变迁就启示一次人生生活上重大的意义，而留下了伟大的成绩，为人生永久的象征。这是什么缘故？因歌德在他每一种生活的新倾向中，无论是文艺政治科学或恋爱，他都是以全副精神整个人格浸沉其中；每一种生活的过程里都是一个整个的歌德在内。维特时代的歌德完全是一个多情善感热爱自然的青年，著《伊菲格尼》（Iphigenie）的歌德完全是个清明儒雅，徘徊于罗马古墟中希腊的人。他从人性之南极走到北极，从极端主观主义的少年维特走到极端客观主义的伊菲格尼，似乎完全两个人。然而每个人都是新鲜活泼原版的人。所以他的生平给予我们一种永久青春永远矛盾的感觉。歌德的一生并非真是从迷途错误走到真理，乃是继续地经历全人生各式的形态。他在《浮士德》中说："我要在内在的自我中深深领略，领略全人类所赋有的一切。最崇高的最深远的我都要了解。我要把全人类的苦乐堆积在我的胸心，我的小我，便扩大成为全人类的大我。我愿和全人类一样，最后归于消灭。"这样伟大勇敢的生命肯定，使他穿历人生的各阶段，而每阶段都成为人生深远的象征。他不只是经过少年诗人时期，中年政治家时期，老年思想家科学家时期，就在文学上他也是从最初罗珂珂式的纤巧到少年维特的自然流露，再从意大利游后古典风格的写实到老年时浮士德第二部象征的描写。

他少年时反抗一切传统道德势力的缚束，他的口号"情感是一切！"老年时尊重社会的秩序与礼法，重视克制的道德。他的口号"事业是一切！"在对人接物方面，少年歌德是开诚坦率热情倾倒的诗人。在老年时则严肃令人难以亲近。在政治方面，少年的大作中"瞿支"（Goetz）临死时口中喊着"自由"。而老年歌德对法国大革命中的残暴深为厌恶，赞美拿破仑重给欧洲以秩序。在恋爱方面，因各时期之心灵需要，舍弃最知心最有文化的十年女友石坦因夫人而娶一个无知识无教育纯朴自然的扎花女子。歌德生活是努力不息，但又似乎毫无预计，听机缘与命运之驱使。所以有些人悼惜歌德荒废太多时间做许多不相干的事，像绘画、政治事务、研究科学，尤其是数十年不断的颜色学研究。但他知道这些"迷途""错道"是他完成他伟大人性所必经的。人在"迷途中努力，终会寻着他的正道"。

歌德在生活中所经历的"迷途"与"正道"表现于一个最可令人注意的现象。这现象就是他生活中历次的"逃走"。他的逃走是他浸沉于一种生活方向将要失去了自己时，猛然的回头，突然的退却，再返于自己的中心。他从莱布齐希大学身心破产后逃回故乡，他历次逃开他的情人弗利德利克、绿蒂、丽莉等，他逃到魏玛，又逃脱魏玛政务的压迫走入意大利艺术之宫。他又从意大利逃回德国。他从文学逃入政治，从政治逃入科学。老年时且由西方文明逃往东方，借中国印度波斯的幻美热情以重振他的少年心。每一次逃走，他新生一次，他开辟了生活的新领域，他对人生有了新创造新启示。他重新发现了自己，而他在"迷途"中的经历已丰富了深化了自己。他说："各种生活皆可以过，只要不失去了自己。"歌德之所以敢于全心倾注于任何一种人生方面，尽量发挥，以致有伟大的成就，就是因为他自知不会完全失去了自己，他能在紧要关头逃走退回他自己的中心。这是歌德一生生活的最大的秘密。但在这个秘密背后伏有更深的意义。我们再进一步研究之。

歌德在近代文化史上的意义可以说，他带给与近代人生一个新的生命情绪。他在少年时他已自觉是个新的人生宗教的预言者。他早期文艺的题目大都是人类的大教主如普罗米修斯（Prometheus）、苏格拉底、基督与穆罕默德。

这新的人生情绪是什么呢？就是"生命本身价值的肯定"。基督教以为人类的灵魂必须赖救主的恩惠始能得救，获得意义与价值。近代启蒙运动的理知主义则以为人生须服从理性的规范、理智的指导，始能达到高明的合理的生活。歌德少年时即反抗18世纪一切人为的规范与法律。他的《瞿支》是反抗一切传统政治的缚束；他的维特是反抗一切社会人为的礼法，而热烈崇拜生命的自然流露。一言蔽之，一切真实的、新鲜的、如火如荼的生命，未受理知文明矫揉造作的原版生活，对于他是世界上最可宝贵的东西。而这种天真活泼的生命他发现于许多绚漫而朴质如花的女性。他作品中所描写的绿蒂、玛甘泪、玛丽亚等，他自身所迷恋的弗利德丽克、丽莉、绿蒂等，都灿烂如鲜花而天真活泼，朴素温柔，如枝头的翠鸟。而他少年作品中这种新鲜活跃的描写，将妩媚生命的本体熠烁在读者跟前，真是在他以前的德国文学所未尝梦见的，而为世界文学中的粒粒晶珠。

这种崇拜真实生命的态度也表现于他对自然的顶礼。他1782年的《自然赞歌》可为代表。译其大意如下：

自然，我们被他包围，被他环抱；无法从他走出，也无法向他深入。他未得请求，又未加警告，就携带我们加入他跳舞的圈子，带着我们动，直待我们疲倦极了，从他臂中落下。他永远创造新的形体，去者不复返，来者永远新，一切都是新创，但一切也仍旧是老的。他的中间是永恒的生命、演进、活动。但他自己并未曾移走。他变化无穷，没有一刻的停止。他没有留恋的意思，停留是他的诅咒，生命是他最美的发明，死亡是他的手段，以多得生命。

歌德这时的生命情绪完全是浸沉于理性精神之下层的永恒活跃的生命本体。

但说到这里，在我们的心影上会涌现出另一个歌德来。而这歌德的特征是谐和的形式，是创造形式的意志。歌德生活中一切矛盾之最后的矛盾，就是他对流动不居的生命与圆满谐和的形式有同样强烈的情感。他在哲学上固然受斯宾诺沙泛神论的影响；但斯宾诺沙所给予他的仍是偏于生活上道德上的受用，使他紊乱烦恼的心灵得以于清明。以大宇宙中永恒谐和的秩序整理内心的秩序，化冲动的私欲为清明合理的意志。但歌德从自己的活跃生命所体验的，动的创造的宇宙人生，则与斯宾诺沙倾向机械论与几何学的宇宙观迥然不同。所以歌德自己的生活与人格却是实现了德国大哲学家莱布尼兹（Leibniz）的宇宙论。宇宙是无数活跃的精神原子，每一个原子顺着内在的定律，向着前定的形式永恒不息地活动发展，以完成实现他内潜的可能性，而每一个精神原子是一个独立的小宇宙，在他里面像一面镜子反映着大宇宙生命的全体。歌德的生活与人格不是这样一个精神原子么？

生命与形式，流动与定律，向外的扩张与向内的收缩，这是人生的两极，这是一切生活的原理。歌德曾名之宇宙生命的一呼一吸。而歌德自己的生活实在象征了这个原则。他的一生，他的矛盾，他的种种逃走，都可以用这个原理来了解。当他纵身于宇宙生命的大海时，他的小我扩张而为大我，他自己就是自然，就是世界，与万有为一体。他或者是柔软地像少年维特，一花一草一树一石都与他的心灵合而为一，森林里的飞禽走兽都是他的同胞兄弟。他或者刚强地察觉着自己就是大自然创造生命之一体，他可以和地神唱道：

生潮中，业浪里，
淘上或淘下，
浮来又浮去！
生而死，死而葬，
一个永恒的大洋，
一个连续的波浪，
一个有光辉的生长，
我架起时辰的机杼，
替神性制造生动的衣裳。

（郭沫若译《浮士德》）

但这生活片面的扩张奔放是不能维持的，一个个体的小生命更是会紧张极度而超于毁灭的。所以浮士德见地神现形那样的庞大，觉得自己好像侏儒一般，他的狂妄完全消失：

我,自以为超过了火焰天使,
已把自由的力量使自然苏生,
满以为创造的生活可以俨然如神!
啊,我现在是受了个怎样的处分!
一声霹雳把我推堕了万丈深坑。
……
哦,我们努力自身,如同我们的烦闷,
一样地阻碍着我们生长的前程。

(郭沫若译《浮士德》)

  生命片面的努力伸张反要使生命受阻碍,所以生命同时要求秩序、形式、定律、轨道。生命要谦虚、克制、收缩,遵循那支配万有主持一切的定律,然后才能完成,才能使生命有形式,而形式在生命之中。

依着永恒的,正直的
伟大的定律,
完成着
我们生命的圈。

(《神性》诗中句)

一个有限的圈子
范围着我们的人生,

世世代代

排列在无尽的生命的链上。

(《人类之界限》诗中句)

生命是要发扬、前进，但也要收缩、循轨。一部生命的历史就是生活形式的创造与破坏。生命在永恒的变化之中，形式也在永恒的变化之中。所以一切无常，一切无住，我们的心，我们的情，也息息生灭，逝同流水。向之所欣，俯仰之间，已成陈迹。这是人生真正的悲剧，这悲剧的源泉就是这追求不已的自心。人生在各方面都要求着永久；但我们的自心的变迁使没有一景一物可以得暂时的停留，人生飘堕在滚滚流转的生命海中，大力推移，欲罢不能，欲留不许。这是一个何等的重负，何等的悲哀烦恼。所以浮士德情愿拿他的灵魂的毁灭与魔鬼打赌，他只希望能有一个瞬间的真正的满足，俾他可以对那瞬间说："请你暂停，你是何等的美呀！"

由这话看来，一切无常的主因是在我们自心的无常，心的无休止的前进追求，不肯暂停留恋。人生的悲剧正是在我们恒变的心情中，歌德是人类的代表，他感到这人生的悲剧特别深刻，他的一生真是息息不停地追求前进，变向无穷。这心的变迁使他最感着苦痛负疚的就是他恋爱心情的变迁，他一生最热烈的恋爱都不能久住，他对每一个恋人都是负心，这种负心的忏悔自诉是他许多最大作品的动机与内容。剧本《瞿支》中，魏斯林根背弃玛利亚；剧本《浮士德》中，浮士德遗弃垂死的玛甘泪于狱中，是歌德最明显最沉痛的自诉。但他的生活情绪不停留的前进使他不能不负心，使他不能安于一范围，狭于一境界而不向前开辟生活的新领域。所以歌德无往而不负心，他弃掉法律投入文学，弃掉文学投入政治，又逃脱政治走入艺术科学，他若不负心，他不能尝遍全人生的各境地，完成一个最人性的人格。他说：

你想走向无尽么？
你要在有限里面往各方面走！

然而这个负心现象，这个生活矛盾，终是他生活里内在的悲剧与问题，使他不能不努力求解决的。这矛盾的调解，心灵负咎的解脱，是歌德一生生活之意义与努力。再总结一句，歌德的人生问题，就是如何从生活的无尽流动中获得谐和的形式，但又不要让僵固的形式阻碍生命前进的发展。这个一切生命现象中内在的矛盾，在歌德的生活里表现得最为深刻。他的一切大作品也就是这个经历的供状。我们现在再从歌德的文艺创作中去寻歌德的人生启示与这问题最后的解答。

## 二、歌德文艺作品中所表现的人生与人生问题

我们说过，歌德启示给我们的人生是扩张与收缩，流动与形式，变化与定律；是情感的奔放与秩序的严整，是纵身大化中与宇宙同流，但也是反抗一切的阻碍压迫以自成一个独立的人格形式。他能忘怀自己，倾心于自然，于事业，于恋爱；但他又能主张自己，贯彻自己，逃开一切的包围。歌德心中这两个方向表现于他生平一切的作

品中。

他的剧本《瞿支》《塔索》，他的小说《少年维特之烦恼》是表现生命的奔放与倾注，破坏一切传统的秩序与形式。他的《伊菲格尼》与叙事诗《赫尔曼与多罗蒂》等，则内容外形都表现最高的谐和节制，以圆融高朗的优美的形式调解心灵的纠纷冲突。在抒情诗中他的《普罗米修斯》是主张人类由他自己的力量创造他的生活的领域，不需要神的援助，否认神的支配，是近代人生思想中最伟大的一首革命诗。但他在《人类之界限》及《神性》等诗中则又承认宇宙间含有创造一切的定律与形式，人生当在永恒的定律与前定的形式中完成他自己；但人生不息的前进追求，所获得的形式终不能满足，生活的苦闷由此而生。这个与歌德生活中心相终始的问题则表现于他毕生的大作《浮士德》中。《浮士德》是歌德全部生活意义的反映，歌德生命中最深的问题于此表现，也于此解决。我们特别提出研究之。

浮士德是歌德人生情绪最纯粹的代表。《浮士德》戏剧最初本，所谓"原始浮士德"的基本意念是什么？在他下面的两句诗：

我有敢于入世的胆量，
下界的苦乐我要一概担当。

浮士德人格的中心是无尽的生活欲与无尽的知识欲。他欲呼召生命的本体，所以先用符咒呼召宇宙与行为的神。神出现后，被神呵斥其狂妄，他认识了个体生命在宇宙大生命面前的渺小。于是乃欲投身生命的海洋中体验人生的一切。他肯定这生命的本身，不管他是苦是乐，超越一切利害的计较，是有生活的价值的，是应当在他的中间努力寻得意义的。这是歌德的悲壮的人生观，也是他《浮士德》诗中的中心思想。浮士德因知识追求的无结果，投身于现实生活，而生活的顶点，表现于恋爱，但这恋爱生活成了悲剧。生活的前进不停，使恋爱离弃了浮士德，而浮士德离弃了玛甘泪，生活成了罪恶与苦痛。《浮士德》的剧本从原始本经过1790年的残篇以至第一部完成，他的内容是肯定人生为最高的价值，最高的欲望，但同时也是最大的问题。初期的《浮士德》剧本之结局，窥歌德之意是倾向纯悲剧的。人生是将由他内在的矛盾，即欲望的无尽与能力的有限，自趋于毁灭，浮士德也将由生活的罪过趋于灭亡，生活并不是理想而为诅咒。但歌德自己生活的发展使问题大变，他在意大利获得了生命的新途径，而剧本中的浮士德也将得救。在1797年的《浮士德》中的天上序曲里，魔鬼墨菲斯托诅咒人生真如歌德自己原始的意思，但现在则上帝反对縻非斯陀的话，他指出那生活中问题最多最严重的浮士德将终于得救。这个歌德人生思想的大变化最值得注意，是我们了解浮士德与歌德自己的生活最重要的钥匙。

我们知道"原始浮士德"的生活悲剧，他的苦痛，他的罪过，就是他自己心的恒变，使他对一切不能满足，对一切都负心。人生是个不能息肩的重负，是个不能驻足的前奔。这个可诅咒的人生在歌德生活的进展中忽然得着价值的重新估定。人生最可诅咒的永恒流变一跃而为人生最高贵的意义与价值。人生之得以解救，浮士德之得以升天，正赖这永恒的努力与追求。浮士德将死前说出他生活的意义是永远的前进：

在前进中他获得苦痛与幸福，
他这没有一瞬间能满足的。

而拥着他升天的天使们也唱道：

惟有不断的努力者
我们可以解脱之！

原本是人生的诅咒，那不停息的追求，现在却变成了人生最高贵的印记。人生的矛盾苦痛罪过在其中，人生之得救也由于此。

我们看浮士德和魔鬼糜非斯陀订契约的时候，他是何等骄傲于他的苦闷与他的不满足。他说他愿毁灭自己，假使人生能使他有一瞬间的满足而愿意暂停留恋。糜非斯陀起初拿浅薄的人世享乐来诱惑他，徒然使他冷笑。

以前他愿意毁灭，因为人生无价值；现在他宁愿毁灭，假使人生能有价值。这是很大的一个差别，前者是消极的悲观，后者是积极的悲壮主义。前者是在心理方面认识，一切美境之必然消逝；后者是在伦理方面肯定，这不停息的追求正是人生之意义与价值。将心理的必然变迁改造成意义丰富的人生进化，将每一段的变化经历包含于后一段的演进里，生活愈益丰富深厚，愈益广大高超，像歌德从科学艺术政治文学以及各种人生经历以完成他最后博大的人格。歌德的象征浮士德也是如此，他经过知识追求的幻灭走进恋爱的罪过，又从真美的憧憬走回实际的事业。每一次的经历并不是消磨于无形，乃是人格演进完成必要的阶石：

你想走向无尽么？
你要在有限里面往各方面走！

有限里就含着无尽，每一段生活里潜伏着生命的整个与永久。每一刹那都须消逝，每一刹那即是无尽，即是永久。我们懂了这个意思，我们任何一种生活都可以过，因为我们可以由自己给予它深沉永久的意义。《浮士德》全书最后的智慧即是：

一切生灭者
皆是一象征。

在这些如梦如幻流变无常的象征背后潜伏着生命与宇宙永久深沉的意义。

现在我们更可以了解人生中的形式问题。形式是生活在流动进展中每一阶段的综合组织，他包含过去的一切，成一音乐的和谐。生活愈丰富，形式也愈重要。形式不但不阻碍生活，限制生活，乃是组织生活，集合生活的力量。老年的歌德因他生活内容过分的丰富，所以格外要求形式、定律、克制、宁静，以免生活的分崩而求谐和的保持。这谐和的人格是中年以后的歌德所兢兢努力惟恐或失的。他的诗句：

人类孩儿最高的幸福
就是他的人格！

流动的生活演进而为人格，还有一层意义，就是人生的清明与自觉的进展。人在世界经历中认识了世界，也认识了自己，世界与人生渐趋于最高的和谐；世界给予人生以丰富的内容，人生给予世界以深沉的意义。这不是人生问题可能的最高的解决么？这不是文艺复兴以来，人类失了上帝，失了宇宙，从自己的生活的努力所能寻到的人生意义么？

浮士德最初欲在书本中求智慧，终于在人生的航行中获得清明。他人生问题的解决我们可以说：

人当完成人格的形式而不失去生命的流动！生命是无尽的，形式也是无尽的，我们当从更丰富的生命去实现更高一层的生活形式。

这样的生活不是人生所能达到的最高的境地么？我们还能说人生无意义无目的么？歌德说：

人生，无论怎样，他是好的！

歌德的人生启示固然以《浮士德》为中心，但他的其他创作都是这种生活之无限肯定的表现。尤其是他的抒情诗，完全证实了我们前面所说的歌德生活的特点：

他一切诗歌的源泉，就是他那鲜艳活泼，如火如荼的生命本体。而他诗歌的效用与目的却是他那流动追求的生命中所产生的矛盾苦痛之解脱。他的诗，一方面是他生命的表白，自然的流露，灵魂的呼喊，苦闷的象征。他像鸟儿在叫，泉水在流。他说："不是我做诗，是诗在我心中歌唱。"所以他诗句的节律里跳动着他自己的脉搏，活跃如波澜。他在生活憧憬中陷入苦闷纠缠，不能自拔时，他要求上帝给他一支歌，唱出他心灵的沉痛，在歌唱时他心里的冲突的情调，矛盾的意欲，都醇化而升入节奏、形式，组合成音乐的谐和。混乱浑沌的太空化为秩序井然的宇宙，迷途苦恼的人生获得清明的自觉。因为诗能将他纷扰的生活与刺激他生活的世界，描绘成一幅境界清朗，意义深沉的图画（《浮士德》就是这样一幅人生图画）。这图画纠正了他生活的错误，解脱了他心灵的迷茫，他重新得到宁静与清明。但若没有热烈的人生，何取乎这高明的形式。所以我们还是从动的方面去了解他诗的特色。歌德以外的诗人的写诗，大概是这样：一个景物，一个境界，一种人事的经历，触动了诗人的心。诗人用文字、音调、节奏、形式，写出这景物在心情里所引起的澜漪。他们很能描绘出历历如画的境界，也能表现极其强烈动人的情感。但他们一面写景，一面叙情，往往情景成了对称。且依人类心理的倾向，喜欢写景如画，这就是将意境景物描摹得线清条楚，轮廓宛然，恍如目睹的对象。人类之诉说内心，也喜欢缕缕细述，说出心情的动机原委。虽莎士比亚、但丁的抒情诗，尽管他们描绘的能力与情感的白热，有时超过歌德，但他们仍未能完全脱离这种态度。歌德在人类抒情诗上的特点，就是根本打破心与境的对待，取消歌咏者与被歌咏者中间的隔离。他不去描绘一个景，而景物历落飘摇，浮沉隐显在他的词句中间。他不愿直说他的情；而他的情意缠绵，宛转流露于音韵节奏的起落里面。他激昂时，文字境界节律音调无不激越兴起；他低徊留恋时，他的歌辞如泣如诉，如怨如慕，令人一往情深，不能自已，忘怀于诗人与读者之分。王国维先生说诗有隔与不隔的差别，歌德的抒情诗真可谓最为不隔的。他的诗中的情绪与景物完全融合无间，他的情与景又同词句音节完全融合无间，所以他的诗也可以同我们读者的心情完全融合无间，极尽浑然不隔的能事。然而这个心灵与世界浑然合一的情绪是流动的，飘渺的，绚缦的，音乐的；因世界是动，人心也是动，诗是这动与动接触会合时的交响曲。所以歌德诗人的任务首先是努力改造社会传统的，用旧了的文字词句，以求能表现出这新的动的人生与世界。原来我们人类的名词概念文字，是我们把捉这流动世界万事万象的心之构造物；但流动不居者难以捉摸，我们人类的思想语言天然的倾向于静止的形态与轮廓的描绘，历时愈久，文字愈抽象，并这描绘轮廓的能力也将失去，遑论做心与景合一的直接表现。歌德是文艺复兴以来近代的流动追求的人生最伟大的代表（所谓浮士德精神）。他的生命，他的世界是激越的动，所以他格外感到传统文字不足以写这纯动的世界。于是他这位世界最伟大的语言创造的天才，在德国文字中创造了不可计数的新字眼、新句法，以写出他这新的动的人生情绪。歌德是马丁·路德以后创新德国文字最重大的人物，他不仅是德国文学上最大诗人。现代继起努力创新与美化德国文字的大诗人是斯蒂芬·盖阿格（Stefan George），他变化无数的名词为动词，又化此动词为形容词，以形容这流动不居的世界。例如"塔堆的巨人"（形容大树），"塔层的远""影阴着的湾""成熟中的果"等，不胜枚举，且不能译。他又融情入景，化景为情，融合不同的感官铸成新字以写难状之景，难摹之情。因为他是以一整个的心灵体验这整个的世界（新字如"领袖的步""云路""星眼""梦的幸福""花梦"等也是不能有确切的中译，虽然诗意发达极高的中国文词颇富于这类字眼）。所以他的每一首小诗都混漾在一种浩灏流动的气氛中，像宋元画中的山水。不过西方的心灵更倾向于活动而已。我们举他一首《湖上》诗为例。歌德的诗是不能译的，但又不能不勉强译出，力求忠于原诗，供未能读原文者参考。

### 湖上

1775年瑞士湖上作，时方逃出丽莉姑娘的情网

并且新鲜的粮食，新鲜的血
我吸取自由的世界：

自然，何等温柔，何等的好，
将我拥在怀抱。
波澜摇荡着小船
在击桨声中上前，
山峰，高插云霄，
迎着我们的水道。

眼睛，我的眼睛，你为何沉下了？
金黄色的梦，你又来了？
去罢，你这梦，虽然是黄金，
此地也有生命与爱情。

在波上辉映着
千万飘浮的星，
柔软的雾吸饮着
四围塔层的远。
晓风翼覆了
影阴着的湾，
湖中影映着
成熟中的果。

开头一句"并且新鲜的粮食，新鲜的血，我吸取自自由的世界……"就突然地拖着我们走进一个碧草绿烟柔波如语的瑞士湖上。开头一字用"并且"(德文Uud即英文And)将我们读者一下子就放在一个整个的自然与人生的全景中间。"自然何等温柔,何等的好,将我拥在怀抱。"写大自然生命的柔静而自由,反观人在社会生活中受种种人事的缚束与苦闷,歌德自己在丽莉小姐家庭中礼仪的拘束与恋爱的包围,但"自然"是人类原来的故乡,我们离开了自然,关闭在城市文明中烦闷的人生,常常怀着"乡愁",想逃回自然慈母的怀抱,恢复心灵的自由。"波澜摇荡着小船,在击桨声中上前……"两句进一步写我们的状况。动荡的湖光中动荡的波澜,摇动着我们的小船,使我们身内身外的一切都成动象,而击桨的声音给予这流动以谐和的节奏。"上前"遥指那"山峰,高插云霄,迎着我们的水道……"自然景物的柔媚,勾引心头温馨旖旎的回忆。眼睛低低沉下,金黄色的情梦又浮在眼帘。但过去的情景,转眼成空,不堪回首,且享受新获着的自由罢!自然的丽景展布在我们的面前:"在波上辉映着千万飘浮的星……"短短的几句写尽了归舟近岸时的烟树风光。全篇混漾着波澜的闪耀,烟景的飘渺,心情的旖旎,自然与人生谐和的节奏。但歌德的生活仍是以动为主体,个体生命的动热烈地要求着与自然造物主的动相接触,相融合。这种向上追求的激动及与宇宙创造力相拥抱的情绪表现在《格丽曼》(Ganymed)一诗中(希腊神话中,格丽曼为一绝美的少年王子。天父爱惜之,遣神鹰攫去天空,送至阿林比亚神人之居)。

### 格丽曼

你在晓光灿烂中,
怎么这样向我闪烁,
亲爱的春天!
你永恒的温暖中,
神圣的情绪,
以一千倍的热爱
压向我的心,
你这无尽的美!

我想用我的臂,
拥抱着你!
啊,我睡在你的胸脯,
我焦渴欲燃,
你的花,你的草,
压在我的心前。

亲爱的晓风,
吹凉我胸中的热,
夜莺从雾谷里,
向我呼唤!
我来了,我来了,
到哪里?到哪里?

向上，向上去，
云彩飘流下来，
飘流下来，
俯向我热烈相思的爱！

向我，向我，
我在你的怀中上升！
拥抱着被拥抱着！
升上你的胸脯！
爱护一切的天父！

　　这首诗充分表现了歌德热情主义唯动主义的泛神思想。但因动感的激越，放弃了谐和的形式而流露为生命表现的自由诗句，为近代自由诗句的先驱。然而这狂热活动的人生，虽然灿烂，虽然壮阔，但激动久了，则和平宁静的要求油然而生。这个在生活中倥偬不停的"游行者"也曾急迫地渴求着休息与和平：

### 游行者之夜歌（二首）

一

你这从天上来的
宁息一切烦恼与苦痛的；

给与这双倍的受难者
以双倍的新鲜的,
啊,我已倦于人事之倥偬!
一切的苦乐皆何为?
甜蜜的和平!
来,啊,来到我的胸里!

二

一切山峰上
是寂静,
一切树杪中
感不到
些微的风;
森林中众鸟无音。
等着罢,你不久
也将得着安宁。

歌德是个诗人,他的诗是给予他自己心灵的烦扰以和平以宁静的。但他这位近代人生与宇宙动象的代表,虽在极端的静中仍潜示着何等的鸢飞鱼跃!大自然的山川在屹然峙立里周流着不舍昼夜的消息。

### 海上的寂静

深沉的寂静停在水上。
大海微波不兴。
船夫瞅着眼,
愁视着四面的平镜。
空气里没有微风!
可怕的死的寂静!
在无边寥廓里,
不摇一个波影。

这是歌德所写意境最静寂的一首诗。但在这天空海阔晴波无际的境界里绝不真是死,不是真寂灭。他是大自然创造生命里"一刹那倾静的假相。"一切宇宙万象里有秩序,有轨道,所以也启示着我们静的假相。

歌德生平最好的诗,都含蕴着这大宇宙潜在的音乐。宇宙的气息,宇宙的神韵,往往包含在他一首小小的诗里。但他也有几首人生的悲歌,如《威廉传》中弦琴师与迷娘(Mignon)的歌曲,也深深启示着人生的沉痛,永久相思的哀感:

### 弦琴师(歌曲)

谁居寂寞中?
嗟彼将孤独。

生人皆欢笑,
留彼独自苦。
嗟乎,请君让我独自苦!
我果能孤独,
我将非无侣。

情人偷来听,
所欢是否孤无侣?
日夜偷来寻我者,
只是我之忧,
只是我之苦。
一旦我在坟墓中,
彼始让我真无侣!

## 迷娘(歌曲)

谁人识相思?
乃解侬心苦,
寂寞而无欢,
望彼天一方,
爱我知我人。
呜呼在远方,
我头昏欲眩,

五脏焦欲燃,
谁解相思苦,
乃识侬心煎。

歌德的诗歌真如长虹在天,表现了人生沉痛而美丽的永久生命,他们也要求着永久的生存:

你知道,诗人的词句
飘摇在天堂的门前
轻轻的叩着
请求永久的生存。

而歌德自己一生的猛勇精进,周历人生的全景,实现人生最高的形式,也自知他"生活的遗迹不致消磨于无形"。而他永恒前进的灵魂将走进天堂最高的境域,他想象他死后将对天门的守者说:

请你不必多言,
尽管让我进去!
因为我做了一个人,
这就说曾是一个战士!

1932年3月为歌德百年忌日写,
原载天津《大公报》文学副刊220至222期

# 十一 ◦ 哲学与艺术
## ——希腊哲学家的艺术理论

### 一、形式与心灵表现

艺术有"形式"的结构,如数量的比例(建筑)、色彩的和谐(绘画)、音律的节奏(音乐),使平凡的现实超入美境。但这"形式"里面也同时深深地启示了精神的意义、生命的境界、心灵的幽韵。

艺术家往往倾向以"形式"为艺术的基本,因为他们的使命是将生命表现于形式之中。而哲学家则往往静观领略艺术品里心灵的启示,以精神与生命的表现为艺术的价值。

希腊艺术理论的开始就分这两派不同的倾向。色诺芬(Xenophon)在他的回忆录中记述苏格拉底(Socrates)曾经一次与大雕刻家克莱东(Kleiton)的谈话,后人推测就是指波里克勒(Polycretesr)。当这位大艺术家说出"美"是基于数与量的比例时,这位哲学家就很怀疑地问道:"艺术的任务恐怕还是在表现出心灵的内容罢?"苏格拉底又希望从画家帕哈修斯(Parrhasios)知道艺术家用何手段能将这有趣的、窈窕的、温柔的、可爱的心灵神韵表现出来。苏格拉底所重视的是艺术的精神内涵。

但希腊的哲学家未尝没有以艺术家的观点来看这宇宙的。宇宙（Cosmos）这个名词在希腊就包含着"和谐、数量、秩序"等意义。毕达哥拉斯以"数"为宇宙的原理。当他发现音之高度与弦之长度成为整齐的比例时，他将何等地惊奇感动，觉着宇宙的秘密已在他面前呈露：一面是"数"的永久定律，一面即是至美和谐的音乐。弦上的节奏即是那横贯全部宇宙之和谐的象征！美即是数，数即是宇宙的中心结构，艺术家是探乎于宇宙的秘密的！

但音乐不只是数的形式的构造，也同时深深地表现了人类心灵最深最秘处的情调与律动。音乐对于人心的和谐、行为的节奏，极有影响。苏格拉底是个人生哲学者，在他是人生伦理的问题比宇宙本体问题还更重要。所以他看艺术的内容比形式尤为要紧。而西洋美学中形式主义与内容主义的争执，人生艺术与唯美艺术的分歧，已经从此开始。但我们看来，音乐是形式的和谐，也是心灵的律动，一镜的两面是不能分开的。心灵必须表现于形式之中，而形式必须是心灵的节奏，就同大宇宙的秩序定律与生命之流动演进不相违背，而同为一体一样。

### 二、原始美与艺术创造

艺术不只是和谐的形式与心灵的表现，还有自然景物的描摹。"景""情""形"是艺术的三层结构。毕达哥拉斯以宇宙的本体为纯粹数的秩序，而艺术如音乐是同样地以"数的比例"为基础，因此艺术的地位很高。苏格拉底以艺术有心灵的影响而承认它的人生价值。而柏拉图则因艺术是描摹自然影像而贬斥之。他以为纯粹的美或"原始的美"是居住于纯粹形式的世界，就是万象之永久型范，所谓观念世界。美是属于宇宙本体的（这一点上与毕达哥拉斯同义）。真、善、美是居住在一处。但它们的处所是超越的、抽象的、纯精神性的。只有从感官世界解脱了的纯洁心灵才能接触它。我们感官所经验的自然现象，是这真形世界的影像。艺术是描摹这些偶然的变幻的影子，它的材料是感官界的物质，它的作用是感官的刺激。所以艺术不惟不能引着我们达到真理，止于至善，且是一种极大的障碍与蒙蔽。它是真理的"走形"，真形的"曲影"。柏拉图根据他这种形而上学的观点贬斥艺术的价值，推崇"原始美"。我们设若要挽救艺术的价值与地位，也只有证明艺术不是专造幻象以娱人耳目，它反而是宇宙万物真相的阐明、人生意义的启示。证明它所表现的正是世界的真实的形象，然后艺术才有它的庄严、有它的伟大使命。不是市场上贸易肉感的货物，如柏拉图所轻视所排斥的（柏氏以后的艺术理论是走的这条路）。

### 三、艺术家在社会上的地位

柏拉图这样的看轻艺术，贱视艺术家，甚至要把他们排斥于他的理想共和国之外，而柏拉图自己在他的语录文章里却表示了他是一位大诗人，他对于大宇宙的美是极其了解，极热烈地崇拜的。另一方面我们看见希腊的伟大雕刻与建筑确是表现了最崇高、最华贵、最静穆的美与和谐。真是宇宙和谐的象征,并不仅是感官的刺激,如近代的颓废的艺术。而希腊艺术家会遭这位哲学家如此的轻视,恐怕总有深一层的理由罢!第一点,希腊的哲学是世界上最理性的哲学,它是扫开一切传统的神话——希腊的神话是何等优美与伟大——以寻求纯粹论理的客观真理。它发现了物质原子与数量关系是宇宙构造最合理的解释(数理的自然科学不产生于中国、印度,而产于欧洲,除社会条件外,实基于希腊的唯理主义,它的逻辑与几何)。于是那些以神话传说为题材,替迷信做宣传的艺术与艺术家,自然要被那努力寻求清明智慧的哲学家如柏拉图所厌恶了。真理与迷信是不相容的。第二点,希腊的艺术家在社会上的地位,是被上层阶级所看不起的手工艺者、卖艺糊口的劳动者、丑角、说笑者。他们的艺术虽然被人赞美尊重,而他们自己的人格与生活是被人视为丑恶缺憾的(戏子在社会上的地位至今还被人轻视)。希腊文豪琉善(Lucian)描写雕刻家的命运说:"你纵然是个菲迪亚斯(Phidias)或波里克勒(希腊两位最大的艺术家),创造许多艺术上的奇迹,但欣赏家如果心地明白,必定只赞美你的作品而不羡慕做你的同类,因你终是一个贱人、手工艺者、职业的劳动者。"原来希腊统治阶级的人生理想是一种和谐、雍容、不事生产的人格,一切职业的劳动者为专门职业所拘束,不能让人格有各方面圆满和谐的成就。何况艺术家在礼教社会里面被认为是一班无正业的堕落者、颓废者、纵酒好色、佯狂玩世的人(天才与疯狂也是近代心理学感到兴味的问题)。希腊最大诗人荷马(Homer)在他的伟大史诗里描绘了一部光彩灿烂的人生与世界,而他的后世却想象他是盲了目的。赫菲斯托斯（Hephaestus）是希腊神们中间的艺术家的祖宗，但却是最丑的神！

艺术与艺术家在社会上为人重视，须经过三种变化：一、柏拉图的大弟子亚里士多德的哲学给予艺术以较高的地位。他以为艺术的创造是模仿自然的创造。他认为宇宙的演化是由物质进程形式，就像希腊的雕刻家在一块云石里幻现成人体的形式。所以他的宇宙观已经类似艺术家的。二、人类轻视职业的观念逐渐改变，尤其将艺术家从匠工的地位提高。希腊末期哲学家普罗提诺（Plotinos）发现神灵的势力于艺术之中，艺术家的创造若有神助。三、但直到文艺复兴的时代，艺术家才被人尊重为上等人物。而艺术家也须研究希腊学问，解剖学与透视学。学院的艺术家开始产生，艺术家进大学有如一个学者。

但学院里的艺术家离开了他的自然与社会的环境，忽视了原来的手工艺，却不一定是艺术创作上的幸福。何况学院主义往往是没有真生命、真气魄的，往往是形式主义的。真正的艺术生活是要与大自然的造化默契，又要与造化争强的生活。文艺复兴的大艺术家也参加政治的斗争。现实生活的体验才是艺术灵感的源泉。

**四、中庸与净化**

宇宙是无尽的生命、丰富的动力，但它同时也是严整的秩序、圆满的和谐。在这宁静和雅的天地中生活着的人们却在他们的心胸里汹涌着情感的风浪、意欲的波涛。但是人生若欲完成自己，止于至善，实现他的人格，则当以宇宙为模范，求生活中的秩序与和谐。和谐与秩序是宇宙的美，也是人生美的基础。达到这种"美"的道路，在亚里士多德看来就是"执中""中庸"。但是中庸之道并不是庸俗一流，并不是依违两可、苟且的折中。乃是一种不偏不倚的毅力、综合的意志，力求取法乎上、圆满地实现个性中的一切而得和谐。所以中庸是"善的极峰"，而不是善与恶的中间物。大勇是怯弱与狂暴的执中，但它宁愿近于狂暴，不愿近于怯弱。青年人血气方刚，偏于粗暴。老年人过分考虑，偏于退缩。中年力盛时的刚健而温雅方是中庸。它的以前是生命的前奏，它的以后是生命的尾声，此时才是生命丰满的音乐。这个时期的人生才是美的人生，是生命美的所在。希腊人看人生不似近代人看作演进的、发展的、向前追求的、一个戏本中的主角滚在生活的漩涡里，奔赴他的命运。希腊戏本中的主角是个发达在最强盛时期的、轮廓清楚的人格，处在一种生平唯一次的伟大动作中。他像一座希腊的雕刻。他是一切都了解，一切都不怕，他已经奋斗过许多死的危险。现在他是态度安详不矜不惧地应付一切。这种刚健清明的美是亚里士多德的美的理想。美是丰富的生命在和谐的形式中。美的人生是极强烈的情操在更强毅的善的意志统率之下。在和谐的秩序里面是极度的紧张，回旋着力量，满而不溢。希腊的雕像、希腊的建筑、希腊的诗歌以至希腊的人生与哲学不都是这样？这才是真正的有力的"古典的美！"

美是调解矛盾以超入和谐，所以美对于人类的情感冲动有"净化"的作用。一幕悲剧能引着我们走进强烈矛盾的情绪里，使我们在幻境的同情中深深体验日常生活所不易经历到的情境，而剧中英雄因殉情而宁愿趋于毁灭，使我们从情感的通俗化中感到超脱解放，重尝人生深刻的意味。全剧的结果——即英雄在挣扎中殉情的毁灭——有如阴霾沉郁后的暴雨淋漓，反使我们痛快地重睹青天朗日。空气干净了，大地新鲜了，我们的心胸从沉重压迫的冲突中恢复了光明愉快的超脱。

亚里士多德的悲剧论从心理经验的立场研究艺术的影响，不能不说是美学理论上的一大进步，虽然他所根据的心理经验是日常的。他能注意到艺术在人生上净化人格的效用，将艺术的地位从柏拉图的轻视中提高，使艺术从此成为美学的主要对象。

**五、艺术与模仿自然**

一个艺术品里形式的结构，如点、线之神秘的组织，色彩或音韵之奇妙的谐和，与生命情绪的表现交融组合成一个"境界"。每一座巍峨崇高的建筑里是表现一个"境界"，每一曲悠扬清妙的音乐里也启示一个"境界"。虽然建筑与音乐是抽象的形或音的组合，不含有自然真景的描绘。但图画雕刻，诗歌小说戏剧里的"境界"则往往寄托在景物的幻现里面。模范人体的雕刻，写景如画的荷马史诗是希腊最伟大最中心的艺术创造，所以柏拉图与亚里士多德两位希腊哲学家都说模仿自然是艺术的本质。

但两位对"自然模仿"的解释并不全同，因此对艺术的价值与地位的意见也两样。柏拉图认为人类感官所接触的自然乃是"观念世界"的幻影。艺术又是描摹这幻影世界的幻影。所以在求真理的哲学立场上看来是毫无价值、徒乱人意、刺激肉感。亚里士多德的意见则不同。他看这自然界现象不是幻影，而是一个个生命的形体。所以模仿它、表现它，是种有价值的事，可以增进知识而表示技能。亚里士多德的模仿论确是有他当时经验的基础。希腊的雕刻、绘画，如中国古代的艺术原本是写实的作品。它们生动如真的表现，流传下许多神话传说。米龙（Myron）雕刻的牛，引动了一个活狮子向它跃搏，一只小牛要向它吸乳，一个牛群要随着它走，一位牧童遥望掷石击之，想叫它走开，一个偷儿想顺手牵去。啊，米龙自己也几乎误认它是自己牛群里的一头。

希腊的艺术传说中赞美一件作品大半是这样的口吻（中国何尝不是这样）。艺术以写物生动如真为贵。再述一个关于画家的传说。有两位大画家竞赛。一位画了一枝葡萄，这样的真实，引起飞鸟来啄它。但另一位走来在画上加绘了一层纱幕盖上，以致前画家回来看见时伸手欲将它揭去（中国传说中东吴画家曹不兴尝为孙权画屏风，误发笔点素，因就以作蝇，既而进呈御览，孙权以为生蝇，举手弹之）。这种写幻如真的技术是当时艺术所推重。亚里士多德根据这种事实说艺术是模仿自然，也不足怪了。何况人类本有模仿冲动，而难能可贵的写实技术也是使人惊奇爱慕的呢。

但亚里士多德的学说不以此篇为满足。他不仅是研究"怎样的模仿"，他还要研究模仿的对象。艺术可就三方面来观察：一、艺术品制作的材料，如木、石、音、字等；二、艺术表现的方式，即如何描写模仿；三、艺术描写的对象。但艺术的理想当然是用最适当的材料，在最适当的方式中，描摹最美的对象。所以艺术的过程终归是形式化，是一种造型。就是大自然的万物也是由物质材料创化千形万态的生命形体。艺术的创造是"模仿自然创造的过程"（即物质的形式化）。艺术家是个小造物主，艺术品是个小宇宙。它的内部是真理，就同宇宙的内部是真理一样。所以亚里士多德有一句很奇异的话："诗是比历史更哲学的。"这就是说诗歌比历史学的记载更近于真理。因为诗是表现人生普遍的情绪与意义，史是记述个别的事实；诗所描述的是人生情理中的必然性，历史是叙述时空中事态的偶然性。文艺的事是要能在一件人生个别的姿态行动中，深深地表露出人心的普遍定律（比心理学更深一层更为真实的启示。莎士比亚是最大的人心认识者）。艺术的模仿不是徘徊于自然的外表，乃是深深透入真实的必然性。所以艺术最邻近于哲学，它是达到真理表现真理的另一道路，它使真理披了一件美丽的外衣。

艺术家对于人生对于宇宙因有着最虔诚的"爱"与"敬"，从情感的体验发现真理与价值，如古代大宗教家、大哲学家一样。而与近代由于应付自然，利用自然，而研究分析自然之科学知识根本不同。一则以庄严敬爱为基础，一则以权力意志为基础。柏拉图虽阐明真知由"爱"而获证入！但未注意伟大的艺术是在感官直觉的现量境中领悟人生与宇宙的真境，再借感觉界的对象表现这种真实。但感觉的境界欲作真理的启示须经过"形式"的组织，否则是一堆零乱无系统的印象（科学知识亦复如是）。艺术的境界是感官的，也是形式的。形式的初步是"复杂中的统一"。所以亚里士多德已经谈到这个问题。艺术是感官对象。但普通的日常实际生活中感觉的对象是一个个与人发生交涉的物体，是刺激人欲望心的物体。然而艺术是要人静观领略，不生欲心的。所以艺术品须能超脱实用关系之上，自成一形式的境界，自织成一个超然自在的有机体。如一曲音乐飘渺于空际，不落尘网。这个艺术的有机体对外是一独立的"统一形式"，在内是"力的回旋"，丰富复杂的生命表现。于是艺术在人生中自成一世界，自有其组织与启示，与科学哲学等并立而无愧。

**六、艺术与艺术家**

艺术与艺术家在人生与宇宙的地位因亚里士多德的学说而提高了。菲迪亚斯雕刻宙斯（Zeus）神像，是由心灵里创造理想的神境，不是模仿刻画一个自然的物像。艺术之创造是艺术家由情绪的全人格中发现超越的真理真境，然后在艺术的神奇的形式中表现这种真实。不是追逐幻影，娱人耳目。这个思想是自圣奥古斯丁（Aurelius Augustinus）、费奇诺（Marsilio Ficinus）、布鲁诺（Giordano Bruno）、莎夫茨伯利（Shafesbury）、温克尔曼（Johann Winckelman）等以来认为近代美学上共同的见解了。但柏拉图轻视艺术的理论，在希腊的思想界确有权威。希腊末期的哲学家普罗提诺就是徘徊在这两种不同的见解中间。他也像柏拉图以为真、美是绝对的、超越的存在于无迹的真界中，艺术家须能超拔自己观照到这超越形相的真、美，然后才能在个别的具体的艺术作品中表现得真、美的幻影。艺术与这真、美境界是隔离得很远的。真、美，譬如光线；艺术，譬如物体，距光愈远得光愈少。所以大艺术家最高的境界是他直接在宇宙中观照得超形相的美。这时他才是真正的艺术家，尽管他不创造艺术品。他所创造的艺术不过是这真、美境界的余辉映影而已。所以我们欣赏艺术的目的也就是从这艺术品的兴感渡入真、美的观照。艺术品仅是一座桥梁，而大艺术家自己固无需乎此。宇宙"真、美"的音乐直接趋赴他的心灵。因为他的心灵是美的。普罗提诺说："没有眼睛能看见日光，假使它不是日光性的。没有心灵能看见美，假使他自己不是美的。你若想观照神与美，先要你自己似神而美。"

原载《新中华》创刊号，1933年1月

# 十二 ○ 文艺复兴的美学思想

文艺复兴以来近代诸民族里美学思想的发展也同其他意识形态的科学例如法律学、宗教学、伦理学等相类似。它们各个以研究社会上层建筑，即文化中一个规定的区域为对象，想从这种研究里引申出这一文化区域的发展规律来。这些科学在文艺复兴时开始，是复兴着和自由发展着它们从古代（希腊、罗马）继承的遗产。我们至今还没有一个全面叙述文艺复兴时代那些应该注意的美学思想的著作。资产阶级的近代美学史停留在研究那些哲学家的美学体系里面。还没有仔细研究15、16世纪文艺复兴这个伟大艺术的创造时代是怎样和美学思想相伴着，怎样地受了这些美学思想的影响。这些美学思想在那时自身就是一种"文艺复兴"，他们不但重新研究了亚里士多德的《诗学》，也研究亚氏的后继者流传下来的美学思想，例如在古希腊晚期及罗马Philostratus时代的西塞罗、荷拉斯、普鲁塔尔格、柏罗丁、菲诺斯特拉图斯（Philostratus）和年代未确定的朗加拉斯等人著作里所表现的，这里面包含着的审美情调和思想、词句，是更接近着16世纪，超过它们对亚里士多德的继承。尤其是它们里面大大地强调着那创造性的想象力，那产生出非凡的动人的作品的想象力。派加孟祭坛的艺术时代或罗马艺术时代的思想家必然会有着和希腊菲地亚斯、波利克莱特同代人不同的审美观念。他们强调了壮美，艺术中的绘画风格，个性的、生动的表情，（绘画中）眼睛的表现方法，他们继承了希腊晚期哲学家柏罗丁的见解，强调地指出审美现象里想象力的创造作用。朗加拉斯的《论崇高》就直接启示了文艺复兴艺术活动的方向，他说（35条）："它——指大自然——一开始就在我们的灵魂中植有一种不可抗拒的对于一切伟大事物，一切比我们自己更神圣的事物的渴望。因此，就是整个世界作为人类思想的飞翔领域，还是不够宽广，人的心灵还常常越过整个空间边缘。当我们观察整个生命的领域而见到它处处富于精妙的、堂皇的、美丽的事物时，我们立即知道人生的真正目标是什么……"这一段话不是很好地可以放在文艺复兴的艺术家思想家的口中吗？他又说："总而言之，一切有用的、必需的事物是人们易于获得的。而他们的景仰却是留在惊心动魄的事物里。"16世纪的人的旺盛的生命活力和生命情调，他们对于现实中壮大的、奇异的、非凡的天真爱好（甚至对于粗野的滑稽现象的爱好——朗加拉斯），密切地结合着他们对于形式美的敏感和古代流传下来的艺术法则。1561年的斯卡列格尔（Scaliger）的诗学与其说是从亚里士多德汲取来的观点，不如说更多地是继承拉丁及希腊晚期的诗学思想。他的理想不再是荷马，而是拉丁诗人维尔吉尔了。

意大利文艺复兴的艺术如建筑是继承着本土的罗马的遗留建筑而

向前发展着，雕刻的人像魁伟壮硕，也继承着罗马人雕像的风味，罗马的壮丽代替了希腊的清丽，希腊雕像相形之下一般地显得清瘦些。意大利人在文艺复兴时所追求的、所发现的古代，主要的是罗马，就是在他们本土存在着的、而在中古世纪不被注意的罗马遗迹，但是他们创造性的想象力把罗马的样式演变为意大利的样式了。

现在我们简略地谈一谈意大利文艺复兴的艺术思想和审美观念。

在15世纪中叶有一个拜占庭的希腊学者，名唤君士坦丁·拉斯凯里约（Konstantin Laskario）的，在土耳其人占据拜占庭（1453）以后，逃来意大利，生活到15世纪之末，他要求哲学根本上应成为艺术、诗，像它在希腊初期那样（哲学以长诗的体裁和风味表达出来）。后来的哲学家采取了散文来写出他的思想。他说："他们就从诗的高原坠落下来，像从马背上掉下一样。"哲学是人力所能努力达到的"上帝的模仿"，而上帝是把一切布置在音律和节奏之中，因此，谁追随着上帝的行踪，体会着上帝的创造，就必须也能韵律式地制造形象，哲学家必须做诗人。艺术里的规律性使我体验到散文所永不能把我们带去接近的某一些东西。艺术使不可能的东西说出来。只有它宣讲出最后的和最深的真理。这个思想确是存在文艺复兴时代的大艺术家及大科学家心里的思想。天文科学家哥白尼和开普勒，探究天空秘密时是抱着宇宙的音乐大和谐的理想去考察的。他们深信数学的和谐是反映着宇宙的音乐的和谐的。艺术家却在人的身体构造里来发现这支配整个宇宙的秘密规律，这规律表现了真，也表现着美，真和美是一个东西，在文艺复兴的思想家和艺术家的脑海中是不可分割的。这个美的规律更能具体地表达在他们的伟大建筑里，而建筑的结构规律又是极须合乎自然的力学的，更须是真和美的合一的具体表现。所以文艺复兴的美学观念主要地表现在大建筑家阿柏蒂（Alberti）的著作里。

文艺复兴时代美学最重要的特点之一就是同艺术实践的紧密联系，这不是抽象哲学的美学，而是具体的，旨在解决艺术若干具体问题的美学，从实践要求产生，为艺术实践服务，须从这观点来看文艺复兴时代的美学思想。

达·芬奇说："不借助科学的光实践的人，正像没有罗盘而出航的舵手一样。"阿柏蒂向建筑人们提出那些广泛的要求可以由此理解。建筑家不仅应有较高的天赋、较大的才干，而且应有高深的知识、丰富的经验，尤其应有成熟的精确的判断。

文艺复兴的美学理论充满着各种朝气勃勃的乐观主义的、良好有益的内容。所以美的问题成为人文主义者注意的中心。他们研究热情集中于美、和谐、匀称、优雅上，因为在他们看来，人身上有着不可遏止的进行直观的愿望。阿柏蒂说："尤其是眼睛最贪婪美与和谐，眼睛在寻找美与和谐时显得特别顽强，特别稳定。""我不知道它们为什么喜欢无的东西，而不赞同有的东西，因为它们常常在寻找那些后来补充富丽堂皇、光辉灿烂的东西。当它们从最勤勉聪慧而且善于深思的艺术家那里没发现那应期望的技艺、劳动和努力时而感到委屈。有时，它甚至不能说明什么东西凌辱了它们，只除非它们不能彻底消解对美的渴望。"达·芬奇在他的《论美》一文中也有类似的思想。他告诉艺术家似乎要"'窥伺'自然界和人的美,当它们显露得最充分的那一瞬间来观察他们。""要注意黄昏或别的天时的男子和妇女的脸孔,在他们脸上会看到何等的美好和娇柔来。"

按照阿柏蒂的意见,"不赞赏美的事物,不为最美化的东西所倾倒,不因丑而感到耻辱,不拒弃一切无点缀和不完美……的东西之如何可怜、如此落后、如此粗野和不文明的人,是不可能找到的。"

美感是人的一种天性。它"赋予灵魂以认识",因此阿氏感到难于给美下定义,他说:我们"用感觉来理解美比用话来阐明美会更准确"。但他仍给美下了定义,他说:"美是一个整体中的各部分的某种协调与和音,这种协调与和音符合那些要求和谐的严格数目,有限制的规定和布局,即自然界绝对的和第一性的本原。"美建基于事物本身的性质。所以艺术家的任务就在于模仿自然,即"模仿各种艺术形式的优秀匠师(即自然)"。世界就其最深刻的本质说是美的,美就在于它的规律中。艺术应当揭示美的这些客观规律,并且遵守这些规律。因此在阿氏看来,一座建筑物似乎是一个活的实体,建造它时必须要模仿自然界(皆见《建筑十书》)。他强调艺术规律的客观性,艺术家应认识这些规律,并制定自己创作的标准和规则。他说:我们的先辈"集合了人类能力所及的那些它(自然)创造各种事物时所利用的规律,并把这些规律采用到建筑术的规则中来"。人文主义者按照美的客观性和艺术规律的客观性而解决了美学关于艺术对现实的关系这一基本问题。

艺术是现实的再现。醉心于现实的美,是文艺复兴时期人们的共通性。达·芬奇说:"如果画家作为鼓舞者而取用别的图画,他的绘画便不会是完美的,如果他到自然界的事物中去学,那么他就会生产出优良的结果来。"他强调艺术的认识意义。"绘画以哲学的精密的思考来观察海洋、陆地、树木、动物、花草等各种形态的全部素质,所有这些都离不开阴影和光线。实际上,绘画就是科学,就是自然的合法女儿,因为它是自然所生的。"画与科学的区别就在它能再现可见世界,即各种对象的色调和轮廓,而科学则能洞察"物体的内部"而忽视"各种形态的素质",例如几何学,"它就是集中于对事物的数量说明上。"所以,自然界的一切创造物的美就从科学家那里悄悄地滑过去了。艺术的根据和必然就在于此。

但文艺复兴的艺术理论强调艺术的认识意义,重视外部的逼真,尤其重视绘画艺术之能再现自然,研究线条、"透视空间"透视、明暗、色调、影调比例等,进一步研究解剖、数学等以企进入内部。

在《论雕塑》里,阿氏企图确立"一种最崇高的美,这种美是自然赐予许多物体的,在这些物体之间美似被适当地分配了。在这里,我们模仿了那个为克罗多尼人创作神女画的人,在少女美方面,袭用最杰出者的一切。在每个少女身上就形式美方面说最优美的东西,并搬到自己的作品里来。我们也选择了许多按照鉴赏家的判断是最美的形体,从这些形体中,我们加以测量,然后把它们加以相互比较并摈弃对这个或那个方面的偏向,我们就择定了那些为许多量度借……而都相合所证实的中间数值。"(《十书》)

这个标准是以一般或典型的东西为对象。文艺复兴的美学首先是理想的美学，而这理想并不是与现实相对抗的东西。不怀疑美的现实性。现实性与理想性辩证地结合着。人类的和谐发展的无限可能性也不是空想。

资本主义关系萌芽时期那摧毁资产阶级的散文气息的行动还未出现，人们还没有失掉自己活动上的首创精神，那么他们的描写甚至在对它们采取讽刺态度的场合下还充满着正面的伟大（拉伯雷，莎士比亚）。

由此可见,,在文艺复兴时的现实主义中包含三结合的因素：1.对当代问题的深刻了解，2.描绘细节上的现实主义方法，3.有意识非现实主义的情节（古代和基督教神话就是许多图画和其他形式的基础）。所有这些也就构成文艺复兴时现实主义特征。他们探讨艺术真实问题时，自发地碰到艺术形象方面一般与单个的辩证法。因而探求理想与现实，真实与虚构之间的平衡、统一。阿氏在《论雕塑》里说："假如，只要我理解得正确的话，在雕塑家那里，掌握相似的方法有两条途径，即一方面，他们所创造的形象，归根到底应该尽可能与活的东西相似，要与人相似，他们是否再造了苏格拉底、柏拉图或其他任何著名的人的形象。这完全不是重要的，而只要他们能使他的作品一般与人相似，尽管是著名的人，他们就可以认为完全够了。另一方面，应该竭力再现和描绘的不仅是一般的人，而且还应是这个人的面貌和整个外表，例如恺撒或伽图或其他任何著名的人，把他们再现为一定的状态——端坐于讲坛上或在人民大会上发表演说。"阿氏进一步又指出若干规则，运用这些规则就可达到上述相互矛盾的目的。阿氏未解决上述的二律背反,他倾向于解决若干纯技巧的问题方面。但是,提出艺术形象的辩证法却是他重大的功绩。

马克思说过:"唯物主义在它的第一个创始人培根那里,还在朴素的形式下,包含着全面发展的萌芽。物质带着诗意的光辉对人(整个的人)的全身心发出微笑。"这话可用于文艺复兴的艺人的世界观。世界对他们还没有失去色彩,变成几何学的抽象,理性未获得片面发展。而以复合的,有时甚至半玄妙思想的形式而出现,同时还能简单朴素地对现实世界作出真正辩证法的猜测。所有这些,在那时代的现实主义性质和各思想家的美学观点中,也有所表述。

但该时的美学思想里,也有各种流派相对立着,也在时间中变化着。须有专门的研究。尽管如此,那是和艺术实践紧密联系着的现实主义的有具体对象的美学,其重大的缺点,在忽视社会的冲突,不愿研究正在产生的资本主义社会的阴暗面。在这里,具体的艺术实践(尤其文艺)却比较显得有洞察力(莎士比亚,塞万提斯,尤以拉伯雷)。

## 十三 ○ 康德美学思想评述

康德（1724—1804年），德国资产阶级的学者，德国古典唯心主义哲学的第一个著名代表。当时的德国和西欧其他国家比起来是一个落后的国家，德国资产阶级是一个眼光短浅、怯懦怕事的阶级。它的革命虽然是不彻底的，但毕竟在观念上进行了反封建的斗争，马克思曾说康德哲学是"法国革命的德国理论"。康德承认客观存在着"自在之物"，但又说这"自在之物"是我们的认识能力所不能把握到的。康德哲学中有着明显的两重性，他在一定程度上表明他企图调和唯物主义和唯心主义。但是这种调和归根到底是想在唯心主义、即他所称的先验的唯心主义的基础上来进行的。在美学里表现得尤其显著。康德是18世纪末19世纪初的德国唯心主义哲学的奠基人，也是德国唯心主义美学体系的奠基人。

康德的美学又是他在和以前的唯理主义美学（继承着莱布尼茨、沃尔夫哲学系统的鲍姆加登）和英国经验主义的美学（以布尔克为代表）的争论中发展和建立起来的，所以是一个极其复杂矛盾的体系。

我们先要简略地叙述一下康德和这两方面的关系，才能理解这个复杂的美学体系。

一

康德在他的美学著述里，对于他以前的美学家只提到过德国的鲍姆加登（Baumgarten）和英国的布尔克（E. Burke），一个是德国唯理主义的继承者，一个是英国经验主义的心理分析的思想家。我们先谈谈德国唯理主义的美学从莱布尼茨到鲍姆加登的发展。鲍氏是沃尔夫（Wolff）的弟子，但沃尔夫对美学未有发挥，而他所继承的莱布尼茨却颇有些重要的美学上的见解，构成德国唯理主义美学的根基。

莱布尼茨继承着和发展着17世纪笛卡尔、斯宾诺莎等人唯理主义的世界观，企图用严整的数学体系来统一关于世界的认识，达到对于物理世界清楚明朗的完满的理解。但是感官直接所面对的感性的形象世界是我们一切认识活动的出发点。这形象世界和清楚明朗、论证严明的数理世界比较起来似乎是朦胧、暧昧，不够清晰的，莱布尼茨把它列入模糊的表象世界，这是"低级的"感性认识。但是这直观的暧昧的感性认识里仍然反映着世界的和谐与秩序，这种认识达到完满的境界时，即完满地映射出世界的和谐、秩序时，这就不但是一种真，也是一种美了。于是关于"感性认识"的科学同时就成了美学。Asthetik一字，现在所谓的美学，原来就是关于感性认识的科学。莱氏的继承者鲍姆加登不但是把当时一切关于这方面的探究聚拢起来，第一次系统化成为一门新科学，并且给它命名为Asthetik，后来人们就沿用这个名字发展了这门新科学——美学。这是鲍姆加登在美学史上的重要贡献。虽然他自己的美学著作还是很粗浅的，规模初具，内容贫乏，他自己对于造型艺术及音乐艺术并无所知，只根据演说学和诗学来谈美。他在这里是从唯理主义的哲学走到美学，因而建立了美学的科学。美即是真，尽管只是一种模糊的真，因而美学被收入科学系统的大门，并且填补了唯理主义哲学体系的一个漏洞，一个缺陷，那就是感性世界里的逻辑。

同时也配合了当时文艺界古典主义重视各门文艺里的法则、规律的方向，也反映了当时上升的资产阶级反封建、反传统、重视理性、重视自然法则（即理性法则）的新兴阶级的意识。而在各门文学艺术里找规律，这至今也正是我们美学的主要任务。

现在略略介绍一下鲍姆加登（1714—1762）美学的大意，因为它直接影响着康德。

鲍氏在莱氏哲学原理的基础上，结合着当时英国经验主义美学"情感论"的影响，创造了一个美学体系，带着折衷主义的印痕。鲍氏认为感性认识的完满，感性圆满地把握了的对象就是美。他认为：

1.感觉里本是暧昧、朦胧的观念，所以感觉是低级的认识形式。

2.完满（或圆满）不外乎多样性中的统一，部分与整体的调和完善。单个感觉不能构成和谐，所以美的本质是在它的形式里，即多样性中的统一里，但它有客观基础，即它反映着客观宇宙的完满性。

3.美既是仅恃感觉上不明了的观念成立的，那么，明了的理论的认识产生时，就可取美而消灭之。

4.美是和欲求相伴着的，美的本身既是完满，它也就是善，善是人们欲求的对象。

单纯的印象，如颜色，不是美，美成立于一个多样统一的协调里。多样性才能刺激心灵，产生愉快。多样性与统一性（统一性令人易于把握）是感性的直观认识所必需的，而这里面存在着美的因素。美就是这个形式上的完满，多样中的统一。

再者，这个中心概念"完满"（Vollkommenheit）可以从另一个角度来看。这就是低级的、感性的、直观的认识和高级的、概念的知识之间的关系和分歧点。在感性的、直观的认识里，我们直接面对事物的形象，而在清晰的概念的思维中，亦即象征性质（通过文字）的思维中，我们直接的对象是字、概念，更多过于具体的事物形象。审美的直观的思想是直接面对事物而少和符号交涉的，因此，它就和情绪较为接近。因人的情绪是直接系着于具体事物的，较少系着于抽象的东西。另一方面，概念的认识渗透进事物的内容，而直接观照的、和情绪相接的对象则更多在物的形式方面，即外表的形象。鉴赏判断不像理性判断以真和善为对象，而是以美，亦即形式。艺术家创造这种形式，把多样性整理、统一起来，使人一目了然，容易把握，引起人的情绪上的愉快，这就是审美的愉快。艺术作品的直观性和易把握性或"思想的活泼性"，照鲍姆加登的后继者G. E. Meyer所说：是"审美的光亮"。假使感性的清晰达到最高峰时，就诞生"审美的灿烂"。

鲍氏美学总结地说来，就是：1.因一切美是感性里表现的完满，而这完满即是多样中的统一，所以美存在于形式；2.一切的美作为多样的东西是组成的东西（交错为文）；3.在组成物之中间是统制着规定的关系，即多样的协调而为一致性的；4.一切的美仅是对感觉而存在，而一个清晰的逻辑的分析会取消了（扬弃了）它；5.没有美不同时和我对它的占有欲结合着，因完满是一好事，不完满是坏事；6.美的真正目的在于刺激起要求，或者因我所要求的只是快适，故美产生着快乐。

鲍氏是沃尔夫的最著名的弟子，康德在他的前批判哲学的时期受沃尔夫影响甚大。他把鲍氏看作当时最重要的形而上学者，而且把鲍氏的教课书（逻辑）作为他的课堂讲演的底本，就在他的批判哲学时期也曾如此，虽然他在讲演里已批判了鲍氏，反对着鲍氏。

鲍氏区分着美学Asthetik作为感性认识的理论，逻辑作为理性认识的理论。这名词也为康德在他的《纯粹理性批判》里所运用，康德区分为"先验的逻辑"和"先验的美学"即"先验的感性理论"。在这章里康德说明着感觉直观里的空间时间的先验本质。我们可以说，康德哲学以为整个世界是现象，本体不可知。这直观的现象世界也正是审美的境界，我们可以说，康德是完全拿审美的观点，即现象地来把握世界的。他是第一个建立了一个完备的资产阶级的美学体系的，而他却把他的美学著作不命名为美学。他把美学这一名词用在他的认识论的著作里，即关于感性认识的阐述的部分，这是很有趣的，也可以见到鲍姆加登的影响。康德也继承了鲍氏把美基于情感的说法，而反对他的完满的感性认识即是美的理论。康德把认识活动和审美活动划分为意识的两个不同的领域，因而阉割了艺术的认识功用和艺术的思想性，而替现代反动美学奠下了基础。他继承了鲍氏的形式主义和情感论扩张而为他的美学体系。

## 二

美学思想从意大利文艺复兴传播到法国，在那里建立了唯理主义的美学体系，然后在德国得到了完成。在18世纪的上半期，艺术创造和审美思想的条件有了变动，于是英国首先领导了新的美学的方向。这里也是首先有了社会秩序的变革为前提的。1688年英国资产阶级革命的成功改变了人们的生活情调，也就影响到艺术和美学的思想。在这个工业、商业兴盛和资产阶级在政治上获得自由的英国，独立了的受教育的资产阶级开始自觉它的地位，封建的王侯不再具有绝对的支配人们精神思想的势力。文学里开始表现资产阶级的理想人物和贵族并驾齐驱。在欧洲资产阶级的自由发源地荷兰的17世纪的绘画里，尤其在大画家伦伯朗的油画里直率地表现着现实界的、生活力旺盛的各色人物，不再顾到贵族的仪表风度。荷兰的风俗画描绘着单纯的素朴的社会生活情状。在英国的文学里，这种新的精神倾向也占了上风，和当时的美学观念、文艺批评联系着。英国的新上升的资产阶级需要一种文学艺术，帮助它培养和教育资产阶级新式的人物、新思想和新道德。美学家阿狄生有一次在伦敦街头看着熙熙攘攘、匆匆忙忙的人们感动地说道："这些人大半是过着一种虚假的生活。"他要使他们成为真正的人，这就是不再是通过宗教，而是通过审美和文化教养出来的人。这时在文艺复兴以来壮丽的气派、华贵的建筑和绘画以外，也为新兴的中产阶级产生了合乎幽静家庭生活的、对人们亲切的风景和人物的油画。对于自然的爱好成为普遍的风气。就像在哲学家斯宾诺莎、莱布尼茨、歇夫斯伯尼的哲学里,自然界从宗教思想的束缚里解放出来,成为独立研究的对象一样,绘画里也使大自然成为独立表现的主题,不再是人物的陪衬。在克劳德·洛伦(法)、鲁夷斯代尔、荷伯玛(荷兰)等人的风景画里,人对自然的感觉愈益亲切,注意到细节,和当时的大科学家毕封、林耐等人一致。18世纪这种趣味的转变是和许多热烈的美学辩论相伴着。英国流行着报刊里的讨论,法国狄德洛写文章报道着绘画展览。德国莱辛和席勒的戏剧是和无数的争辩讨论的文章交织着,歌德和席勒的通信多半讨论着文艺创作问题。这时一些学院哲学以外的思想家注重各种艺术的感性材料和表现特点的研究,如莱辛的拉奥孔区别文学与绘画的界限,想从这里获得各种艺术的发展规律。所以从心理分析来把握审美现象在此时是一条比较踏实的科学地研究美学问题的道路,而这一方面主要是先由英国的哲学家发展着的。

何姆(Home),生于1696年,是苏格兰思想界最兴盛时代的学者。1762年开始发表他的《批评的原则》(Elements of Criticism)是心理学的美学奠基的著作。一百年后,1876年德国的费希勒尔搜集他自己的论文发表,名为《美学初阶》。在这二书里见到一百年间心理分析的美学的发展。何姆的主要美学著作即是《批评的原则》(1763年译成德文,1864年铿里士堡《学术与政治报》上刊出一书评,可能出自康德之手。见Schlapp:《康德鉴赏力批判的开始》),是分析美与艺术的著作。由于他在分析里和美学概念的规定里的完备,这书在当时极被人重视。这是18世纪里最成熟和完备的一部对于美的分析的研究。莱辛、赫尔德、康德、席勒都曾利用过它。他对席勒启发了审美教育的问题。

何姆的分析是以美的事物给予我们的深刻的丰富印象为对象。他首先见到美的印象所引起的心灵活动是单纯依据自然界审美对象或过程的某一规定的性质。审美地把握对象的中心是情感，于是分析情感是首要的任务。当时一般思想趋势是注意区分人的情绪与意志，审美的愉快和道德的批判。布尔克已经强调出审美的静观态度和意志动作的区别。何姆从心理学的理解来把审美的愉快归引到最单纯的元素即无利益感的情绪，亦即从这里不产生出欲求来的情绪。他因此逐渐发展出关于情绪作为心灵生活的一个独立区域的学说，后来康德继承了他而把这个学说系统化。康德严格地把情绪作为与认识和意志欲望区分开来的领域，这在何姆还并没有陷入这种错误观点。不过他也以为一个美丽的建筑或风景唤起我们心中一种无欲求心的静观的欣赏，但他认为我们若想完全理解审美印象的性质，就须把一个实际存在的事物所激起的情绪和一个对象仅在"意境"里所激起的情绪（如在绘画或音乐里）区别开来。意境对于现实的关系就像回忆对于所回忆的东西的关系。它（这意境）在绘画里较在文学里强烈些，在舞台的演出里又较绘画里强烈些。何姆所发现的这"意境"概念是后来一切关于"美学的假相"学说的根源。不过在何姆这"意境"概念的意义是较为积极的，不像后来的是较为消极性的（即过于重视艺术境界和现实的不同点）。

但这种对美感的心理分析或心理描述引起了一个问题，即审美印象的普遍有效性问题，审美的判断是在怎样的范围内能获得普遍的同意？休谟曾在他的论文里发挥了鉴赏（趣味）标准的概念。这个重要的概念，何姆在他的著作里继续发展了。康德更是从这里建立他的先验的唯心主义的美学，而完全转到主观主义方面来。何姆还有一些重要的分析都影响着后来康德美学及其他人的美学研究，我们不多谈了。

现在谈谈布尔克。康德在他的《判断力批判》里直接提到他的前辈美学家的地方极少，但却提到了英国的思想家布尔克（1729—1797）。布尔克著有《关于我们壮美及优美观念来源的哲学研究》（1756年）在他以前1725年已有赫切森（Hutscheson）的《关于我们的美的及品德的观念来源的研究》。

英国的美学家和法国不同，他们对于美，不爱固定的规则而爱令人惊奇的东西，在新奇的刺激以外又注意"伟大"的力量，认为"伟大"的力量是不能用理智来把握的。因此艺术的创造和欣赏没有整体的心灵活动和想象力的活动是不行的。

康德在《判断力批判》里简单地叙述了布尔克的见解，并且赞许着说："作为心理学的注释，这些对于我们心意现象的分析极其优美，并且是对于经验的人类学的最可爱的研究提供了丰富的资料。"

康德从他以前的德国唯理主义美学和英国心理分析的美学中吸取了他的美学理论的源泉。他的美学像他的批判哲学一样，是一个极复杂的难懂的结构，再加上文字句法的冗长晦涩，令人望而生畏。读他的书并不是美的享受，翻译它更是麻烦。

三

1790年康德在完成了他的《纯粹理性批判》（对知识的分析）和《实践理性批判》（对道德，即善的意志的研究）以后，为了补足他的哲学体系的空隙，发表了他的《判断力批判》（包含着对审美判断的分析）。

但早在1764年他已写了《关于优美感与壮美感的考察》，内容是一系列的在美学、道德学、心理学区域内的极细微的考察，用了通俗易懂的、吸引人的、有时具有风趣的文字泛论到民族性、人的性格、倾向、两性等方面。

康德尚无意在这篇文章里提供一个关于优美及壮美的科学的理论，只是把优美感和壮美感在心理学上区分开来。"壮美感动着人，优美摄引着人。"他从壮美里又分别了不同的种类，如恐怖性的壮美、高贵、灿烂等。可注意的特点是他对道德的美学论证建立在"对人性的美和尊严的感觉上"。这里又见到英国思想家歇夫斯伯尼的影响。

《判断力批判》（1790年第1版，1793年第2版），这书是把两系列各别的独立的思考，由于一个共同观点（即"合目的性"的看法）结合在一起来研究的。即一方面是有机体生命界的问题，另一方面是美和艺术的问题。但是在《纯粹理性批判》里，康德尚认为"把对美的批判提升到理性原理之下和把美的法则提升到科学是一个不可能实现的愿望"。但是他在他所做的哲学的系统的研究进展中，使他在1787年认为在"趣味（鉴赏）"领域里也可以发现先验的原理，这是他在先认为是不可能的事。

这种把"鉴赏的批判"和"目的论的自然观的批判"结合在一起的企图到1789年才完全实现。工作加快地进行，1790年就出版了《判断力批判》，完成康德的批判哲学的体系〔康德所谓批判（Kritik），就是分析、检查、考察。批判的对象在康德首先就是人对于对象所下的判断。分析、检查、考察这些判断的意义、内容、效力范围，就是康德批判哲学的任务〕。康德的《判断力批判》第一部分是"审美判断力批判"。此中第一章第一节，美的分析；第二节，壮美（或崇高）的分析；第二章，审美判断力的辩证法。现在我主要地是介绍一下"美的分析"里的大意，然后也略介绍一下他的论壮美（崇高）。

我们先在总的方面略为概括地谈一谈康德论审美的原理，这是相当抽象，不太好懂的。

康德的先验哲学方法从事于阐发先验地可能性的知识（即具有普遍性和必然性的知识）。美学问题是他的批判哲学里普遍原理的特殊地运用于艺术领域。和科学的理论里的先验原理（即认识的诸条件）及道德实践里的先验原理相并，产生着第三种的先验方法在艺术领域里。艺术和道德一样古老，比科学更早。康德美学的基本问题不是美学的个别的特殊的问题，而是审美的态度。照他的说法，即那"鉴赏（或译趣味）判断"是怎样构成的，它和知识判断及道德的判断的区分在哪里？它在我们的意识界里哪一方向和哪一方面中获得它的根基和支持？

康德美学的突出处和新颖点即是他第一次在哲学历史里严格地系统地为"审美"划出一独自的领域，即人类心意里的一个特殊的状态，即情绪。这情绪表现为认识与意志之间的中介体，就像判断力在悟性和理性之间。他在审美领域里强调了"主观能动性"。康德一般地在情绪后附加上"快乐及不快"的词语，亦即愉快及不愉快的情绪，但这个附加词并不能算做真正的特征。特征是在于这情绪的纯主观性质，它和那作为客观知觉的感觉区别着。在这意义里，康德说："鉴赏没有一客观的原则。"此外这个情绪是和对于快适的单纯享受的感觉以及另一方对于善的道德的情绪有根本的差别。

美学是研究"鉴赏里的愉快"，是研究一种无利益兴趣和无概念（思考）却仍然具有普遍性和直接性的愉快。审美的情绪须放弃那通过悟性的概念的固定化，因它产生于自由的活动，不是诸单个的表象的，而是"心意诸能力"全体的活动。在"美"里是想象力和悟性，在"壮美"里是想象力和理性。审美的真正的辨别不是愉快，愉快是随着审美评判之后来的，而是那适才所描述的心意状态的"普遍传达性"。这是它和快适感区别的地方。

因这个心意状态绝不应听从纯粹个人趣味的爱好，那样，美学不能成为科学。鉴赏判断也要纳入法则里，因它要求着"普遍有效性"，尽管只是主观的普遍有效性。它要求着别人的同意，认为别人也会有同样的愉快（美的领略）。如果他（指别人）目前尚不能，在美学教育之后会启发了他的审美的共通感，而承认他以前是审美修养不够，并不是像"快适"那样各人有私自的感觉，不强人同，不与人争辩。所以人类是具有审美的"共通感"（Gemeinsein）的。这共通感表示：每个人应该对我的审美判断同意，假使它正确的话（尽管事实上并不一定如此）。因而我的审美判断具有"代表性"（样本性）的有效性。当然按照它的有效价值也只具有一个调节性的，而非构造性的"理想的"准则。一言以蔽之，是一理念（Idee）。对康德，理念（或译观念）是总括性的理性概念，最高级的统一的思想，对行为和思想的指导观念，在经验世界里没有一对象能完全符合它。审美的诸理念是有别于科学理论上的诸理念的，它们不像这些理念那样是表明（立证）的"理性理念"，而是不能曝示的，即不能归纳进概念里去的想象力的直观，没有语言文字能说出，能达到。它是"无限"的表现，它内里包涵着"不能指名的思想富饶"。它是建基于超感性界的地盘上的那个仅能被思索的实体，我们的一切精神机能把它作为它们的最后根源而汇流其中，以便实现我们的精神界的本性所赋予我们最后的目的，这就是理性"使自己和自身协合"。超过了这一点，审美原理就不能再使人理解的了（康德再三这样说着）。

创造这些审美理念的机能，康德名之为天才，我们内部的超感性的天性通过天才赋予艺术以规律，这是康德对审美原理的唯心主义的论证。

四

一个判断的宾词若是"美"，这就是表示我们在一个表象上感到某一种愉快，因而称该物是美。所以每一个把对象评定为美的判断，即是基于我们的某一种愉快感。这愉快作为愉快来说，不是表象的一个属性，而只是存在于它对我们的关系中，因此不能从这一表象的内容里分析出来，而是由主体加到客体上面的，必须把这主观的东西和那客观的表象相结合。因此这判断在康德的术语里，即是所谓综合判断，而不是分析判断。

但不是每一令人愉快的表象都是美。因此审美判断所表达的愉快必须具有特性。

问题是：什么是美？即审美判断的基础在哪里？这一宾词所加于那表象的是什么？这些归结于下列问题：审美的愉快和一切其他种类的愉快的区分在哪里？对这一问题的回答就说出了"美或鉴赏判断的性质"，这是"美的分析"的第一个主题。

美以外如快适，如善，如有益，都是令人愉快的表象。康德进一步把它们分辨开来，说它们对于我们的关系是和美对于我们的关系不同的。康德哲学注重"批评"（Kritik）亦即分析，他偏重分别的工作，结果把原来联系着的对象割裂开来，而又不能辩证地把握到矛盾的统一。这造成他的哲学里和美学里的许多矛盾和混乱，这造成他的思想的形而上学性。

快适表现于多种的丰富的感受，如可爱的、柔美曼妙的、令人开心的、快乐的，等等，是一种感性的愉快的表现，而善和有益是实践生活里的表现。快适的感觉不是系于被感觉的对象，而是系于我自己的感觉状况，它们仅是主观的。如果我们下一判断说："这园地是绿色的"，这宾词"绿"是隶属于那被我们觉知的客体"园地"的。如果我们判断："这园地是舒适的"，这就是说出我看见这园地时我的感觉被激动的样式和状态。"快适是给诸感官在感觉里愉快的"，它给予愉快而不通过概念（思维）。对于善和有益的愉快是另一种类的。有益即是某物对某一事一物好。善却与此相反，它是在本身上好，这就是只是为了自身的原因、自身的目的而实现、进行的。有益的是工具，善是目的，并且是最后目的。二者都是我们感到愉快的对象，却是在实践里的满足，它们联系着我们的意志、欲望，通过目的的概念，它们服务于这个目的。有益的作为手段、工具，善作为终极目的，前者是间接的，后者是直接的。康德说："善是那由于理性的媒介通过单纯的概念令人满意的。我们称呼某一些东西为了什么事好（有益的），它只是作为手段令人愉快的，另一种是在自身好，这是自身令人愉快满意的。"善不仅是实践方面的，且进一步是道德的愉快。

但二者的令人愉快是以客体的实际存在为前提，人当饥渴时，绘画上的糕饼、鱼肉、水果是不能令人愉快的，它们徒然是一种刺激。除非吃饱了，不渴了，画上的食品是令人愉快的，像17世纪荷兰画家常爱画的一些佳作。一个人的善行如果是伪装的，不但不引起道德上的满意，反而令人厌恶。除非我们被欺骗，信以为真（即认为是客观存在着）的时候。这就是说我们对于它们的客观存在是感兴趣的，有着利害关系的。

但在对于美的现象的关系中却不关注那实物的存在，对画上的果品并不要求它的实际存在，而只是玩味它的形象，它的色彩的调和，线条的优美，就是说，它的形式方面，它的形象。康德说："人须丝毫不要坚持事物的存在，而是要在这方面淡漠，以便在鉴赏的事物里表现为裁判者。"总结起来，康德认为美是具有一种纯粹直观的性质，首先要和生活的实践分开来。他说："一个关于美的判断，即使渗入极微小的利害关系，都具有强烈的党派性，它就决不是纯鉴赏判断。因此，要在鉴赏中做个评判者，就不应从利害的角度关心事物的存在，在这方面应抱淡漠的态度。"

照康德的意见，在纯粹美感里，不应渗进任何愿望、任何需要、任何意志活动。审美感是无私心的，纯是静观的，他静观的对象不是那对象里的会引起人们的欲求心或意志活动的内容，而只是它的形象，它的纯粹的形式。所以图案、花边、阿拉伯花纹正是纯粹美的代表物。康德美学把审美和实践生活完全割裂开来，必然从审美对象抽掉一切内容，陷入纯形式主义，把艺术和政治割离开来，反对艺术活动中的党派性。它成为现代最反动的形式主义艺术思想的理论源泉了。

康德认为人在纯粹的审美里绝不是在求知，求发现普遍的规律、客观的真理，而是在静观地赏玩形象、物的形式方面的表现。审美的判断不是认识的判断，所以美不但和快适、善、有益区分开来，也和真区分开来。他反对在他以前的英国美学里（如布尔克）的感觉主义，只在人们的心理中的快感里面寻找美的原因，把美和心理的快适（快活舒适）等同起来。他也反对唯理主义思想家（如鲍姆加登）把美等同于真，即感性里的完满认识，或善，即完满。他要把一切杂质全洗刷掉，求出纯洁的美感。他用"批判"即"分剖"的方法来研究人类的认识作用，称作"纯粹理性批判"，研究纯洁的直观、纯洁的悟性，在道德哲学里探讨纯洁的意志等。他的这种洗刷干净的方法，追求真理的纯洁性，像17世纪里的物理学家、数学家的分析学（数学是他们的，也是康德的科学理想），但却把有血有肉的，生在社会关系里的人的丰富多彩的意识抽空了（抽象化了）；更是把思想富饶、意趣多方的艺术创作、文学结构抽空了。损之又损，纯洁又纯洁，结果只剩下花边图案，阿拉伯花纹是最纯粹的，最自由的，独立无靠的美了。剩下来的只是抽空了一切内容和意义的纯形式。他说："花，自由的素描，无任何意图地相互缠绕着的、被人称做簇叶饰的纹线，它们并不意味着什么，并不依据任何一定的概念，但却令人愉快满意。"

康德喜欢追求纯粹、纯洁，结果陷入形式主义主观主义的泥坑，远离了丰富多彩的现实生活和现实生活里的斗争，梦想着"永久的和平"。美学到了这里，空虚到了极点，贫乏到了极点，恐怕不是他始料所及的吧！而客观事实反击了过来，康德不能不看到这一点，但是他的主观唯心主义使他不能用唯物辩证法来走出这个死胡同，于是不顾自相矛盾地又反过来说："美是道德的善的象征"。想把道德的内容拉进纯形式里来，忘了当初气势汹汹的分疆划界的工作了。

我们以上已经叙述过康德就"性质"这一契机来考察美的判断。他总结着说：

鉴赏（趣味，即审美的判断）是凭借完全无利害观念的快感和不快感，对某一对象或它的表现方式的一种判断力。

鉴赏判断的第二契机就是按照量上来看的。这就是问一个真正的审美判断，譬如说这风景是美的，这首诗是美的，说出这判断的人是不是想，这个判断只表达我个人的感觉，像我吃菜时的口味那样。如果别人说：我觉得这菜不好吃，我并不同他争辩，争辩也无益，我承认各人有各人的口味，不必强同。康德认为根据个人的私人的趣味的判断，是夹杂着个人的利害兴趣的，不是像那无利害关系，超出了个人欲求范围的审美判断。因此对于审美判断，我们会认为它不仅仅是代表着个人的兴趣、嗜好，而是反映着人类的一种普遍的共同的对于客体的形象的情绪的反应。因此会认为这个判断应该获得人人公共的首肯（假使我这判断是正确的话），这就是提出了普遍同意的要求，认为真正的（正确的）审美判断应是普遍有效的，而不局限于个人。如果别人不承认，那就要么是我这判断并不正确，应当重新考虑修改。如果审查了仍自以为是完全正确的，那就会是别人的审美修养、鉴赏力不够，将来他的鉴赏力提高了，一定会承认我这个判断的。许多大艺术家发现了新的美，把它表现出来，当时可能得不到人们的承认，他却仍然相信将来定有知音，因而坚持下去，不怕贫困和屈辱，像伦勃朗那样。这里康德所主张的审美判断在"量"的方面是具有普遍性的，可以提出普遍同意的要求，不像在饮食里各人具有他自己个别的口味，是不能坚持这个普遍性的要求的（虽然孟子曾说过："口之于味也，有同嗜焉。"）。

康德认为审美判断具有普遍性，因为美感是不带有利益兴趣因而是自由的、无私的。它不像快适那样基于私人条件，因而审美的判断者以为每个人都会作出同样的判断的。但是在审美判断里对于每个人的有效性不是像伦理判断那样根据概念，因此它不能具有客观的普遍有效性，而仅能具有主观的普遍有效性。而这个之所以可能，是因为审美情绪不是先行于对于对象的判断，而是产生于全部心意能力总的活动，内心自觉到理知活动与想象力的和谐，感觉它作为"静观的愉悦"。

在这里见到康德的所谓美感完全是基于主体内部的活动，即理知活动与想象力的谐和、协调，不是走出主观以外来把握客观世界里的美。这和康德的物自体不可知论，和他的主观唯心论是一致的。

就审美判断中的第三个契机，即所看到的"目的的关系"这一范畴来考察审美判断。康德认为美是一对象的形式方面所表现的合目的性而不去问他的实际目的，即他所说的"合目的性而无目的"（无所为而为），也就是我们在对象上观照它在形式上所表现的各部分间有机的合目的性的和谐，我们要停留在这完美的多样中统一的表象的鉴赏里，不去问这对象自身的存在和它的实际目的。如果我们从表面的合目的性的形式进而探究或注意它的存在和它的目的，那么，它就会引起我们实际的利益感而使我们离开了静观欣赏的状态了。所以最纯粹的审美对象是一朵花，是阿拉伯花纹等。这里充分说明了康德美学中的形式主义。但是，康德也不能无视一切伟大文艺作品里所包含着的内容价值，它们里面所表现的对人们生活的影响，它们的教育意义。所以康德又自相矛盾地大谈"美是'道德的善'的象征"。并且说："只有在这个意义里（这是一种对于每个人是自然的关系，这并且是每个人要求别人作为义务的），美给人愉快时要求着另一种赞许，即人要同时自己意识到某一种高贵化和提升到单纯官能印象的享受之上去，并且别种价值也依照他的判断力的一个类似的原则来评价"。后来诗人席勒的美学继承康德发展了审美教育问题的研究（德国18世纪大音乐家乔·弗·亨德尔说得好："如果我的音乐只能使人愉快，那我感到很遗憾，我的目的是使人高尚起来。"）。于是康德又自相矛盾地提出了自由（自在）的美和挂上的（系属着的）美的区分。自由的美不先行肯定那概念，说对象应该是什么；那挂上的美（系属着的美）却先行肯定这概念和对象依照那概念的完满性（例如画上的一个人物就要圆满地表现出关于那个人的概念内容，即典型化）。一个对象里的丰富多样集合于使它可能的内在目的之下，我们对于它的审美快感是基于一个概念的，也就是依照这个概念要求这概念的丰富内容能在形象上充分表达出来。

对于"自由"的美，如一花纹图案、一朵花的快感是直接和那对象的形象联系着，而不是先经过思想，先确定那对象的概念，问它"是什么"，而是纯粹欣赏和玩味它的形式里的表现。

如果对象是在一个确定的概念的条件下被判断为美的，那么，这个鉴赏判断里就基于这概念包含着对于那个"对象"的完满性或内在的合目的性的要求，这个审美判断就不再是自由的和纯粹的鉴赏判断了。康德哲学的批判工作是要区别出纯粹的审美判断来，那只剩有对"自由美"的判断，也即是对于纯粹形式美的判断，如花纹等。而一切伟大的文学艺术作品都是他所说的"系属着的美"或"挂上的美"，即在形式的美上挂上了许多别的价值，如真和善等。在这里又见到康德美学里的矛盾和复杂，和它的形式主义倾向。最后，依照判断中第四个契机"情状"的范畴来考察，即按照对于对象所感到愉快的情状来看。美对于快感具有必然性的关系，但这种必然性不是理论性和客观性的，也不是实践性的（如道德）。这种必然性在一个审美判断里被思考着时只能作为例证式的，这就是说作为一个普遍规律的一个例证，而这个普遍规律却是人们不能指说明白的（不像科学的理论的规律，也不像道德规律）。审美的共通感作为我们的认识诸力（理知和想象力）的自由游戏是一个理想的标准，在它的前提下，一个和它符合着的判断表白出对一对象的快感能够有理由构成对每个人的规律，因为这原理虽然只是主观性的，却是主观的普遍性，是对于每个人具含着必然性的观念。康德这一段思想难懂，但却极重要。

如果把上面康德美学里所说的一切对于美的规定总结起来就可以说："美是……无利益兴趣的，对于一切人，单经由它的形式，必然地产生快感的对象。"这是康德美感分析的结果。康德把审美的人从他的整个人的活动，他的斗争的生活里，他的经济的社会的政治的生活里抽象出来，成为一个纯粹静观着的人。康德把艺术作品从它的丰富内容、它的深刻动人的政治价值、社会价值、教育价值、经济价值、战斗性中抽象出来，成为单纯形式。这时康德以为他执行了和完成了他的"审美批判力批判的工作"。

所以康德的美学不是从艺术实践和艺术理论中来，而是从他的批判哲学的体系中来，作为他的批判哲学体系中的一个组成部分。

康德美学的主要目标是想勾出美的特殊的领域来，以便把它和真和善区别开来，所以他分析的结果是：纯粹的美只存在"单纯形式"

里即在纯粹的无杂质、无内容的形式的结构里,而花纹图案就成了纯美的典范。但康德在美感的实践里却不能不知道这种抽空了内容的美在现实中几乎是不存在的,就是极简单的纯形式也会在我们心意里引起一种不能指明的"意义感",引起一种情调,假使它能被认为是美的话。如果它只是几何学里的形,如三角、正方形等,不引起任何情调时,也就不能算作美学范围内的"纯形式"了。

而且不止于此,人类在生活里常常会遭遇到惊心动魄、震撼胸怀的对象,或在大自然里,或在人生形象、社会形象里,它们所引起的美感是和"纯粹的美感"有共同之处——因同是在审美态度里所接受的对象——却更有大大不同之处。这就是它们往往突破了形式的美的结构,甚至于恢诡谲怪。自然界里的狂风暴雨、飞沙走石,文学艺术里面如莎士比亚伟大悲剧里的场面,人物和剧情(马克白司、查里第三、李尔王等剧),是不能纳入纯美范畴的。这种我们大致可列入壮美(或崇高)的现象,事实上这类现象在人生和文艺里比纯美的境界更多得多,对人生也更有意义。康德自己便深深地体验到这个。他常说:世界上有两个最崇高的东西,这就是夜间的星空和人心里的道德律。所以康德不能不在纯粹美的分析以后提出壮美(崇高)来做美学研究的对象。何况他的先辈布尔克、何姆在审美学的研究里已经提出这纯美和壮美的区别加以探讨了。

"会当凌绝顶,一览众山小。"(杜甫:《望岳》)美学研究到壮美(崇高),境界乃大,眼界始宽。研究到悲剧美,思路始广,体验乃深。

康德认为：许多自然物可以被称为是优美的，但它们不能是真正的壮美（崇高）的。一个自然物仅能作为崇高的表象（表现），因真正的壮美是不存在感性的形式里的。对自然物的优美感是基于物的形式，而形式是成立在界限里的（有轮廓范围）。壮美却能在一个无边无垠的对象里找到。这种"无限"可能在一个物象身上见到，也可能由这物象引起我们这种想象。优美的快感联系着"质"，壮美的快感联系着"量"。自然物的优美是它的形式的合目的性，这就是说这对象的形式对于我的判断力的活动是合适的，符合着的，好像是预先约定着的。在我的观照中引动我的壮美（崇高）感的对象，光就它的形式来看，也有些可能是符合着我的判断力的形式的，例如希腊的庙宇，罗马城的彼得大教堂，米开朗基罗的摩西石像等古典艺术。但壮美的现象对于我们的想象力显示来得强暴，使我们震惊、失措、彷徨。然而，越是这样，越使我们感到壮伟、崇高。崇高不只是存在于被狂飙激动的怒海狂涛里，而更是进一步通过这现象在我们心中所激起的情感里。这时我们情感摆脱了感性而和"观念"连结活动着。这些观念含着更高一级的"合目的性"。对于自然界的"优美"，我们须在外界寻找一个基础，而对"崇高"只能在内心和思想形式里寻找根源，正是这思想形式把崇高输送到大自然里去的。

康德区分两类壮美，数学的和力学的壮美。当人们对一对象发生壮美感时，是伴着心情的激动的，而在纯美感里心情是平静的愉悦。那心情的激动，当它被认为是"主观合目的"时，它是经由想象力联系到认识机能，或是联系到欲求机能。在第一种场合里想象力伴着的情调是数学的,即联系于量的评价。在第二种场合里,想象力伴着的情调是力学的,即是产生于力的较量。在两种场合里都赋予对象以壮美的性质。

当我们在数量的比较中向前进展,从男子的高度到一个山的高,从那里到地球的直径,到天河及星云系统,越来越广大的单位,于是自然界里一切伟大东西相形之下都成了渺小,实际上只是在我们的无止境的想象力面前显得渺小,整个自然界对于无限的理性来说成了消逝的东西。歌德诗云:"一切消逝者,只是一象征。"它即是"无限"的一个象征,一个符号而已。因此,量的无限、数学上的大,人类想象力全部使用也不能完全把握它,而在它面前消失了自己,它是超出我们感性里的一切尺度了。

壮美的情绪是包含着想象力不能配合数量的无止境时所产生的不快感,同时却又产生一种快感,即是我们理性里的"观念",是感性界里的尺度所万万不能企及的,配合不上的。在壮美感里我们是前恭而后倨。

力学上的壮美是自然在审美判断中作为"力量"来感触的。但这力量在审美状态中对我们却没有实际的势力,它对于我们作为感性的人固然能引起恐怖,但又激发起我们的力量,这力量并不是自然界的而是精神界的,这力量使我们把那恐怖焦虑之感看作渺小。因此,当关涉到我们的(道德的)最高原则的坚持或放弃时,那势力不再显示为要我们屈服的强大压力,我们在心里感觉到这些原则的任务的壮伟是超越了自然之上。这壮伟作为全面的真正的伟大,只存在我们自己的情调中。

在这里我们见到壮美（崇高）和道德的密切关系。

康德本想把"美"从生活的实践中孤立起来研究，这是形而上学的方法。但现实生活的体验提出了辩证思考的要求。只有唯物辩证法才能全面地、科学地解决美的与艺术的问题。

## 五

康德生活着的时代在德国是多么富有文学艺术的活跃，在他以前有艺术理论家温克尔曼，对我们启发了希腊的高尚的美的境界，有理论家及创作家莱辛，他是捍卫着现实主义的文艺战士。在康德同时更有伟大的现实主义诗人歌德，现实主义的文艺理论家赫尔德尔（在他以后有发展和改进了他的美学思想的大诗人席勒和哲学家黑格尔）。这些人的美学思想都是从文学艺术的理论探究中来的，而康德却对他们似乎熟视无睹，从来不提到他们。他对当时轰轰烈烈的文艺界的创造，歌德等人的诗、戏曲、小说，贝多芬、莫扎特等人的音乐，都似乎不感兴趣，从来不提到他们。而他自己却又是第一个替近代资产阶级的哲学建立了一个美学体系的，而这个美学体系却又发生了极大的影响，一直影响到今天的资产阶级的反动美学。这真是值得我们注意和探究的问题。深入考察和批判康德美学是一个复杂而又重要的工作，尚待我们的努力。

原载《新建设》1960年第5期

## 十四 ○ 黑格尔的美学和普遍人性

菲·巴生格

一

盖哈德·柏朗斯勒在他为黑格尔《美学讲演录》新版本所写的按语（1955年柏林版，参看《建设》第212页）末尾指出：今天美学不可避免的任务，是给艺术和艺术批评提供客观的评量标准；这个任务，是不能再按照黑格尔的方式来完成的了，却还不能抛弃黑格尔。柏朗斯勒提出的任务是正确的。下面的发挥是想对这个任务的完成有所贡献。这些发挥是想在现在的讨论中提出一个衡量艺术的标准，这标准在黑格尔的学说中是颇为隐秘的，也从来没有受人重视，虽然它有真正广泛的意义；而且，在我看来，就在今天还应该被认为艺术的决定性的衡量标准。为了一开头就能更精确地指出研究方向，那就要谈谈衡量人们所说的一个艺术作品所以"伟大"的标准。我们说到"伟大的"，有时还说到"很伟大的"艺术，大家就感觉到，这里所指的不是随随便便的一个标准，而显然是指的艺术决定性的评量标准。那么，这个标准是什么呢？什么东西使一件艺术作品比另一件伟大？

这应该是正确的吧，如果我们先搞清楚：迄今为止，在现代美学讨论中什么是艺术的一般"客观评量标准"，尤其是从黑格尔那里"取得"的"伟大"艺术的标准。我们的这个出发点自然会使我们首先注意到卢卡契的那篇论文，这篇论文排印在上面所说的黑格尔《美学》新版本的卷首，但也可以在卢卡契的《美学史论文集》（1954年柏林版）里读到。

二

卢卡契首先是朝着两个方向寻找黑格尔对美学的贡献。如果人们追随着卢卡契，就会在两个方向上多少得出一定的评量标准来。但可惜的是这些评量标准却相互处在一种不可协调的对立中，固然只是作为评量标准来说才这样。但是我们将会看到，黑格尔的这个问题中的主题思想却是很可以统一的。

卢卡契首先看到黑格尔《美学》的主要功绩是阐明艺术受着社会条件的约束，以及与此有关的美学范畴的历史化。卢卡契认为：依照黑格尔，艺术家应该把"当时社会的和历史的发展状态——把这个内容，而且仅仅这个内容艺术地再现出来，把它摄取到艺术里面，把它用艺术自身的工具表现出来……在这里鉴别伟大艺术作品的标准是看它如何广博地包含着，深入而直观地（这就是说不纯靠理知的反省）把某一时代内容的整个无尽的丰富表现出来"。（黑格尔《美学》新版本第21页）根据这标准，一个艺术作品能够把它的"世界状态"愈广博地表现出来，那么它就愈伟大。至于所涉及的是哪一个世界状态,却是无所谓的;在这意义上任何一个时代都一定可以有"伟大"的艺术。

在次页上,卢卡契又放弃了这个意见,并且说道:"黑格尔不以为艺术的每个发展阶段都能够创造同样富有价值的东西,他不以为在某些时代产生某种风格的历史必然性会消灭各个时期和各种风格中间存在着的美学的价值和等级上的区别,因此就跟颓废的资产阶级相对主义所主张的不同。反过来黑格尔认为,按艺术的本质来说,某一个一定的内容较另一个内容更适合于艺术表现,因此人类发展的某些阶段可能对于艺术创造还不适合或不再适合。因此黑格尔给予古典希腊艺术的特殊地位,具有了普遍美学的以及超出美学范围的普遍哲学的意义。这样整个美学成了人道原则的宏大的启示,去表现各方面发展了的、没有被歪曲过的、还未由于不利的分工而成为品格不完整的人。在这种人身上,肉体的和精神的性能,个体的和社会的特点构成一个有机的整体。在黑格尔的眼中,塑造这种人是艺术的伟大的客观任务。这个人道的理想自然而然地创造了评价每个艺术风格、每个艺术种类或个别艺术作品的绝对指标。"(第22页)由此得出来的自然不是"相对主义"的而是"绝对主义"的评量标准:那种把艺术诞生时期的世界状态最圆满地表现出来的艺术并不是最伟大的艺术,"人道主义"的艺术才是伟大的艺术,——而且立刻可以看清楚,这里的"人道主义"一词应当以很特殊的意义来理解。

我们不用多费言词来说明:黑格尔的这两个评量标准(作为对立的评量标准)之间的矛盾是不可协调的。在黑格尔的《美学》中,固然有着很深的内在矛盾。我们以后还要说到一个具有决定性的内在矛盾。首先我们却要弄明白：从卢卡契的表述中好像可以见到矛盾，在黑格尔那里是并不存在的。甚至可以说，这里谈到的是充满矛盾的迷途，我们今天的美学讨论正有走上这种迷途的危险。因此，在这方面作一论述是非常重要的。

三

我们先考察一下卢卡契在黑格尔那里所发现的，随后又放弃掉的"历史主义的评量标准"。不难看出卢卡契这里涉及的是什么。那就是在黑格尔的学说中某一时期的"世界状态"所起的作用。尽管这种作用是那么有意义，尽管黑格尔在这方面的发现是那么重要：人们不应过分强调这一点而忽略了错误的一方面。黑格尔在什么地方使用了世界状态这个概念呢？不是用来阐述艺术本质，而是用来论述"理想"，即用来论述"理想的"，真正的艺术。他问，什么世界状态才是理想的艺术状态。艺术的"理想的"对象是"自由的个性"——这几乎是从艺术的概念直接引申出来的——因此"英雄的状态"是理想的艺术状态，因为在这英雄的状态里面自由的个性表现得最为明显。但是第一，这英雄的状态已经完全不再是希腊大雕刻家的世界状态了，并且很难说曾经是荷马诗歌的世界状态。因此，第二，在黑格尔那里所说的理想的世界状态完全不是理想的艺术所自出的世界状态，而是这么一种世界状态，它能够给理想的艺术对象——即自由的个性——以理想的背景，理想的环境。这就转入第三点：即按照黑格尔的意见，世界状态并不是艺术已经真正表现了的东西。理想的艺术家并不曾表现过自己的世界状态或一个过去的世界状态。这也不是其他的艺术家所表现的。理想的艺术所表现的对象总是自由的个性和它的行动本身——它不是仅仅作为世界状态的代言者。如果人们只想给理想的行动一种任务：就是把世界状态明白地表现出来，这就完全不是黑格尔式的想法了。个性和行动是具体的东西，因此是"真实的东西"；相反世界状态是较为抽象和较不真实的东西，按照黑格尔的说法，人们永远不能赋予具体的东西这样一项任务：把抽象的东西明白地显现出来。用黑格尔自己的词句来表达：世界状态只是"个性造型上的可能性，而不是这种造型本身"（第218页），于是黑格尔的体系中是从世界状态里先产生出情况，从情况产生行动，这行动才能成为"造型本身"。

## 四

照这样看来，在黑格尔思想中，上面所说的第一个"评量伟大艺术的标准"并不起着标准的作用。黑格尔在上述体系中给予世界状态这个概念的地位已经说明，那第二个评量标准即以人道作为艺术种类和作品的"评价的绝对准绳"，是比较受到重视的。因为黑格尔在他的问题提法中首先就是从这样一点出发：那就是一个"理想的艺术"的可能性是存在着的，在他看来，这样一个理想的艺术已经没有疑问地成了现实，并且永远是过去的了。所以我们要确实记住，按照黑格尔《美学》的基本观念来说，只曾有过一个最确实的、最真正的理想的艺术时代，这就是希腊时代——和希腊时代相比，一切别的时代都相形见绌，成为非真正的，非确实的，也就是说，"非理想"的时代了。但是还有第二点，人们常常忘掉这一点（其实它和第一点同样重要）：根据黑格尔美学的基本观念，只有一个最确实的、最真正的理想的艺术种类——雕刻。这一点我们也要牢牢记住，虽然我们对它不能作进一步探讨。黑格尔用这两方面的观念建立一个绝对的艺术评量标准。但第一这不是评量一个艺术作品是否"伟大"的标准，而是评量它是不是真正的最确实的"理想的"艺术。第二我们在这方面谈到的人道绝不能照我们今天的道德观念的意义去理解，而是——至少首先是——从那样的意义来说，即英雄时代的自由个性是特别人道的东西。

那可能是确实的，黑格尔对于希腊精神和（在较小范围内）对雕刻的特殊钟爱不仅仅是向后看的，感伤留恋的，而且在本源上正是具有革命的意味，卢卡契在他的《少年黑格尔》（1954年柏林版）里对这方面做了许多有启发性的阐述；并且就在老年的黑格尔身上也可能还残存着一些。但是这个最真正的艺术时代对老年黑格尔是"过去了"，从上面的阐述来看，这一点是不容置疑的。

## 五

我们已经指出，卢卡契的黑格尔解释基本上是受到今天的美学论辩的限制的。他的两项"评量标准"正确地指出两条迷途，而这正是我们今天首先要避免的两条迷途。

一条迷途是把艺术同当时的世界状态完全联系起来，于是艺术作品的是否"伟大"的评量是从它表现世界状态的程度深浅得出来的。艺术因此丧失了所有——甚至于相对的——本身价值；它仅仅成了指示方向的工具：指示同时代人，现在"是"怎样的，因而应该怎样"去做"，告诉后来的人曾经"是"怎样的。这样人们就会把巴尔扎克看作"多么伟大"的一个艺术家，因为他把资本主义的某一发展阶段做了全面而透彻的暴露。这条迷途是由于把黑格尔的所谓世界状态的作用"头脚倒置"而造成的结果。

另一条迷途是人们把黑格尔对希腊主义的推崇绝对化了。并且"掉过头来往前看"，于是自然就得出社会主义现实主义具有绝对崇高地位的看法，艺术的历史好像纯粹是一条追求未来的艺术的道路：荷马以后的未来的伊利亚德，社会主义的伊利亚德，才将是最伟大的伊利亚德，将成为最终的伊利亚德。

不难看到，两个迷途有着一个共同的根源：这就是把艺术同世界状态联系起来，只要人赋予一个世界状态以绝对的崇高地位，就会从第一条迷途发展出第二条迷途。用现代的言词来说，归根结底，两者都围绕着同一个问题：这就是艺术的本质是否能够用上层建筑的性质完全解释出来，艺术是否除"反映"基础以外没有别的，是否人们从这里引申出"反映和能动性的关系的一切结论"（第43页等）。我说这是迷途，我让大家知道我认为这个办法是错误的。进一步在这方面论证我的观点不是我这篇文章的任务。我只能指出那些和我们讨论直接有关的东西。

卢卡契首先说到"人类活动的范围里艺术世界显然的——相对

的——独立性"。我深切地相信这种相对独立性。但是从上述的基本观念中却不能叫人理解这种相对独立性。卢卡契责备黑格尔,说黑格尔的看法根本就像莱布尼兹的看法一样,艺术"仅是认识的一个准备阶段……是认识的一个不完满的形式……并且不是一个正确地反映现实的独立的方式"(第28页)。但在我看来:卢卡契的主要企图,是使艺术或则单纯地成为认识的另一种形式(虽不是完满的形式),或则成为理论和实践中间的一个养子,只有理论和实践才是基本的现象。莱布尼兹和黑格尔的错误看法是不能这样加以克服的。

但这还不是主要点。人们必须考虑这样的决定性事实:过去在很不同的民族和很不同的时代中产生了伟大的艺术,这些艺术我们今天看来仍然是伟大的艺术,百世以后的人们看来也将是这样——只要他们能够大致领悟"诗艺的声音"而不是野蛮人,倒不管他们是谁。荷马、希腊雕刻和安蒂蒂尼,米凯朗基罗、拉斐尔和伦勃朗,席勒、莎士比亚和歌德,巴哈、莫扎特和贝多芬:他们以及其他许多人中间没有任何一个将会停止直接对人类说话;没有一个将会在这个意义上被"超过",并且大概还有几位永远不能被人"赶上"。这不仅仅也是美学所不应完全忽略的"一件有趣的事情";这却正是人类的美学基本经验。事实上它是美学的基本问题。谁不承认这个基本经验,这个基本事实,就不能和他谈美学的事物;他"是一个野蛮人,倒不管他是谁"。

马克思已经指出,解释这个基本事实是最迫切需要的。他希望他能解释为什么荷马仍然对我们发生影响,以至于……像马克思那样的人每年要把荷马著作的原文读一遍。马克思没有时间亲自去寻得这种解释。如果我们现在想要弥补这个遗憾，就应该首先看到，运用卢卡契所理解的黑格尔的两个评量标准是不能达到这些目标的。人们能否认真地设想，奥德赛中诺西卡一幕的伟大、流浪者的夜歌的伟大、西斯亭娜或马太受难曲的伟大，能够依据它们清楚地表现出来的某一时期的世界状态，甚至于根据它们所指示的未来世界状态的程度来评价吗？

请人们不要误解了"迷途"的说法。从艺术的"世界状态"来说明艺术，从"世界状态"的变迁来解说艺术的发展，这并不是迷途。查明艺术作品里面所包含的人道主义的或指示着未来的内容，这也不是迷途。这种做法只有在用它去做评量艺术是否"伟大"的决定性的标准的时候，才会成为迷途。读者必须时时注意，我们在这里所谈的只是评量标准的问题。为了不要显得不公平，我必须强调指出，卢卡契在我们上面所引述的地方，原来谈的尽是别的东西，那就是根本为了要强调出黑格尔关于这两个问题的见解中的不可磨灭的真理内容。关于"伟大"只是附带地被涉及的。但是不去理会这个附带问题的看法，极可注意。因为这个正是说明，在卢卡契的论黑格尔《美学》的论文里关于艺术伟大的评量标准问题仍然没有获得解决。

## 六

那么，黑格尔怎样呢？我们前面说到黑格尔《美学》里面的矛盾，首先要回过头去谈论一个大的矛盾。这个矛盾同我们的基本问题有无关系呢？

人们早就注意到那个"大的"内在矛盾了，至少是这个矛盾的一个方面：这就是依照黑格尔的基本观念，他本来只是应该对古典艺术时代有兴趣，而他实际上却广泛地研究近代艺术。他把莎士比亚、歌德、席勒刻画得那样深刻和正确，几乎没有第二个人能做到。那个"大的矛盾"的另一个方面至少也同样重要：那就是依照他的基本观念，他应该主要研究雕刻，而他的叙述的内在重心却更强烈地倾向于文学方面；即使从外表来看，在这《美学》新版本中，雕刻占有75页，而文学占有230页，在阅读这书时——尽管诗的"过渡性质"是被强调着的——人们必然会有这个印象：黑格尔认为诗（更具体些：剧）确是最高的艺术种类。为了解释这事，我们可以简单地说——幸而黑格尔常常如此——对事物的生动的直观又一次战胜了体系的构造。在这里，黑格尔也没有让他的公式阻碍他看清一切伟大的事物。但是我们要追问下去：在黑格尔看来什么是"伟大"呢？

黑格尔没有把这个问题特别提出来。艺术作品的"伟大"的范畴在他那里似乎是根本找不到的。但是照我们刚才所说的，这仅仅是"似乎"而已。"伟大"这范畴处处都隐藏在表述的事实内容里面，并且人们大概可以说，它（指"伟大"这范畴）的公开的出现将会把它的内在的体系，与其说是破坏不如说是显露出来。这个公开的出现将会同时意味着那刚才所说的种种内在矛盾的公开的扬弃。

只要略略翻阅过黑格尔的《美学》，人人都会首先明白这一点："伟大"的评量标准在黑格尔那里不会只是纯粹形式的，而必须是本原的内容的。但是按照黑格尔的看法，每一种完成的艺术——不论是不是伟大——必须具有圆满的感性的形象的内容。在两个完成的艺作品中那较伟大的必须不仅仅包含着"较伟大"的内容,并且也必须同时显示出较大的艺术造形力。

但是我们现在不愿再说谜样的话了——迄今为止我们敢于这样做,是因为读者从这篇文章的标题上已经会知道这个谜底:这就是作为艺术内容的普遍人性。我的主张是:一个"完成"的艺术作品的内容愈是具有普遍的人性,就愈加伟大。并且我相信,这个评量标准也能在黑格尔《美学》中指出来,而且基本上还是他的内在体系中一个主要契机。

七

我们先要问,黑格尔在他的言论里主要提倡哪一类艺术。每个毫无成见地提出这个问题的人,会立刻找到答案:自然是提倡伟大的作品。那就是他认为是伟大的而我们也多半承认是伟大的作品。但是对于我们一切人和对于黑格尔什么是评判一件艺术作品伟大与否的准绳呢,什么艺术能够一眼就看出它的伟大呢?伟大的艺术——我们大家都这样想——是一种艺术,它克服了空间和时间,从一个民族到另一个民族,从一个时代到另一个时代它能保持不朽,因而证明它的伟大。说到这里,就势必追问(几乎是词令上的):若是艺术作品的内容不能够普遍地被理解,若是它不具有至少在这个意义上是"普遍的人性"(至少在这个意义上),那么它怎么能克服空间和时间呢?

我们已经说过:"伟大"这个范畴并没被黑格尔特别提出来,可以看到,他在这方面一向是非常谨慎的。我并不反对人们学黑格尔的这种保留态度,而把"伟大"这个词用括弧括起来。但是事实还是存在着,那选择的原则依然存在着。"历史不朽"的意义依然存在着。而普遍人性仍然是"历史不朽"的基础。而且在黑格尔的《美学》里面,这普遍人性不仅仅是隐秘的主要契机,并且在若干具有决定意义的论点上也完全显露了出来。

这点应该是很新奇的,并且会教一些人吃惊。在格洛克奈尔的《黑格尔辞典》里人们找不到这个论点,既不谈"普遍人性",也不谈"人性"。我们这种看法不是只有文字上的根据,因这个名词第一次被写在新版本上。它的新奇是在于它不合乎人们向来对黑格尔《美学》的看法,这就使人吃惊。因为——不是吗?——黑格尔首先正是研究美的事物的伟大历史家,如果就他是一个绝对主义者来说,他正是推崇希腊雕刻的绝对主义者,普遍人性则是同以上两个事实完全不相协调的。真是这样的吗?这个问题只有请黑格尔自己来解决。我们来考察一下黑格尔美学中特别提到普遍人性的地方吧。

第一个值得注意的地方是在关于现代艺术和艺术观的论述中——那就是论述到这样一个立场,它恰恰是黑格尔的真正的历史的立场。他的美学构思也正是从这个立场出发。他在这里说,艺术在今天越出艺术自身的范围,他接着说道:"当艺术这样超越它自身范围的时候,它却是人回返到本人的过程,即深入他自己的胸怀的过程,由于这样,艺术摆脱了加于内容和观点上的一切束缚而把人道作为它的新的神圣;即是人心里的深湛和崇高,即在快乐和苦痛中的,在奋勉中,在行动和命运中的普遍人性。"(第570页)值得注意的是,黑格尔把这"神圣的人道",即人性的概念,只照现代的意义来使用——而不是在论述那被卢卡契称为人道主义的英雄的世界状态里面所使用的人道概念。这普遍性究竟是什么?它只是存在于近代艺术里吗?或者它是在古典艺术中也表现着东西?

下面的另一段引文答复了这个问题。黑格尔在这里阐释了由于民族的差异而产生文学观点的个别化,并且指出:"贯穿着民族差异的多样性和数世纪里演进的历程的一方面是普遍人性,另一方面,是艺术性,这是共同的东西,因此,别的民族和时代意识也能了解和欣赏。在这双重的关系中希腊的诗永远受到不同民族的惊叹,永远被模仿,因有在它里面纯粹人性的东西在内容和艺术形式方面达到最美的展示。"(第883页)在这里普遍人性是艺术的内容,希腊史诗的特殊地位可以这样来解释,因而在希腊诗中普遍人性能够很好地构成形象。但为什么会这样的呢?

下面一段话可以给予答复。在黑格尔阐述史诗的普遍世界状态那一段,就是研究这个问题:什么世界状态最适合于作为史诗的背景?黑格尔答复这个问题就同在他阐述"理想"那里一样:就是在肯定英雄时代优越性的意义下解答这问题。但是他在这里插进了极可注意的一段来谈普遍人性,这一段可以说是包含了论证英雄时代优越性的核心,因此基本上包含了黑格尔对古代艺术的一般评价。这段是这样开始的:"如果一个民族史诗想是使异邦民族和不同时代的人对它也永久发生兴趣,那么就要使它所描写的世界不仅仅具有特殊的民族性,而且应该是那样的,即在这特殊的民族,他的英雄性和事业中同时突出地表现那普遍人性。例如在荷马诗歌中那些包含着直接神圣的和道德的题材，人物的和全部生活的光辉，直观具象的现实，诗人使我们见到现实中最高尚和最渺小的东西，这一切一切都成了不朽的现在。"（第952页）英雄时代的以及古典艺术的优越性是这样来的，就是在那个背景里普遍人性最能突出地表现我们看到这普遍人性——这个普遍人性是唯一的尚能作为艺术对象来引起我们现代人兴趣的东西。我几乎可以说Quoderat demonstrandum（这是已经被证明的了）。

在黑格尔说明抒情诗的特殊的时候，普遍人性再一次演着显著的角色——这里首先同那些过于个别的，单纯属于"谈情说爱，表兄弟姊妹的故事"相反："为了能够起诗意的共鸣我们总要记住些普遍人性的东西。"（第1007页）多数的民歌在黑格尔看来显然是太个别性的东西，在这里普遍人性也是艺术优劣的确定标准："民族常常是最个别的，对于它们的优劣不再有确定的标准，因为它们离开普遍人性太远了。"（第1011页）

## 八

我们所征引的黑格尔《美学》中几处文字能使人认识到它的"绝对主义"的面貌，这在上面已经说过了。现在我们再次回到卢卡契所说的黑格尔的"绝对的评量标准"对于艺术评价的关系，这应该是适当的事吧。我们前面已经引述过的卢卡契关于这方面的发挥是用下面一句话开头的："黑格尔不以为艺术的每个发展阶段都能够创造同样富有价值的东西，他不以为在某些时代产生某种风格的历史必然性会消灭各个时期和各种风格中间存在着的美学的价值和等级上的区别,因此就跟颓废的资产阶级的相对主义所主张的不同。"我们在前面已经说过,黑格尔主张的从一个作品历史地位所引申出来的评量标准,并不是艺术作品的"伟大"的标准,而是评量它的"本质性"、"理想性"的标准。从我们上面所确定了的一定事实来看,在这点上来谈"价值和等级区分"是大有问题的。卢卡契自己不致于设想黑格尔有此观念:以为浪漫主义艺术是比古典主义价值低些——或者甚至于以为诗学是比雕刻价值低些。当人们一般地谈艺术价值的时候——像卢卡契所做的那样,那么人们所指的基本上不外乎是我们所说的一件艺术作品的"伟大"的程度。在这方面黑格尔的意见无疑地是:除去人类历史"前艺术"时代以外,无论在浪漫主义的和古典的时代里,在文学和雕刻中,同样有过伟大的作品。

关于上面所引的那部分,卢卡契继续说道:"相反地,他以为从艺术的本质里可以得出这样的结果:某一个一定内容较另一个内容更适合于艺术表现,因此人类发展的某些阶段可以对于艺术创造还不适合或不再适合。"这是对的,但是卢卡契却不继续谈这个最有趣的问题。因为顶重要的是首先要知道:"对于艺术创造最适合"的发展阶段究竟是什么样子——至少要把从希腊到黑格尔活着的这个时代看一看。在这方面,黑格尔的意见是:人类各个不同的发展阶段(其次是不同的民族,再次是各个艺术家的个性)具有艺术地处理的一定内容——或者,我宁愿说,一定的主题——的不同能力。

我认为这是黑格尔《美学》中"历史主要特征"的具有决定性

的和无法抹杀的核心。从这个角度看来每一时代和每一民族都负有某种世界性历史任务,去处理"自己"的课题。如果这个任务已经完成了,那么在这一个题目上再没有什么可说的了。"没有荷马、索福克勒斯等,没有但丁、阿利奥斯多或莎士比亚能够在我们这儿出现;已经这样伟大地歌唱过的、这样自由地说出过的东西是已说过了;题材和观察它、理解它的方式都已经歌唱完了。"(第570页)。历史条件的原则,照黑格尔的意见,是不仅仅对题材、题目,而且也对"观察它,理解它,理解它的方式",对各种风格和艺术种类,最后并且对整个艺术都是适用的。黑格尔美学在这方面也包含着不可磨灭的真理内容,对我们来说,它并且比黑格尔本人所犯的所谓矛盾或实在矛盾更为有趣,但我们在这里不能进一步探索它了。

  但在这方面,我们首先要强调指出,我们所主张的普遍人性的意义并不和那历史条件的原则相矛盾,而且正处于完满的和谐中。从这个观点出发,卢卡契所阐发出来的黑格尔《美学》的两个主题思想,就可以相互协调了。不过人们在这里不要把特殊的历史条件性和特殊的历史意义混淆起来。我们提到世界性历史任务,这句话必须在一件艺术品越过它所由产生的时代,并且仍然有艺术价值的时候,才有意义。我们已经指出过,这正是黑格尔的观点——并且是他美学观念里的一个基本看法。荷马和莎士比亚已经"唱完了,我们不再能够像他们一样地唱了。对黑格尔说来,这就同时意味着:他们替我们歌唱过了,因此我们不用再像他们那样的歌唱了。我们这个时代还有别的东西可以歌唱,别的方式来歌唱,这正是黑格尔的意思"。他紧接"唱完了"那句话又说道:"只有现代是新鲜的,别的时代是暗淡的,愈过愈暗淡了。"——当然,这是从艺术创造来说,不是从对艺术的接受来说!此外也还应该有一些带有普遍人性的主题,根本是歌唱不尽的:只有那"观察的和理解的方式",它们是会在各时代里被唱完的。

在我们现在仍在讨论的那部分,卢卡契曾使用了"人道的"这个概念。那么,我们所说的普遍人性和卢卡契所说的"人道的"是怎样的关系呢?卢卡契所指的是不是和我们所说的是同样的东西呢?这在一定范围内可能是相同的,但是只在一定的范围内。黑格尔所指的普遍人性,事实上是艺术评价的一个"绝对标志":像我们说过的那样,一件艺术作品的内容愈具普遍人性,它就愈伟大。但是卢卡契所描述的人道——即是内在的完整的人性——却不是评量艺术是否"伟大"的标准,而只是对艺术的"理想性"的一个评量标准。所以会这样,正是因为那"人道的"东西特别适合于把那"普遍人性"表达出来。除此以外,我根本不认为在这里用"人道的"一词是确当的。我们习惯于把这一词运用于另外的意义上——多半在伦理的意义上。按这个近代的意义来说,例如在伊利亚德里就没有太多的"人道的东西——虽然阿溪里对勃里亚摩有着相当的情谊……"

## 九

人们或者可以说:普遍人性是根本没有的。只能有被历史条件所规定的人性。因为没有"一般的人"。只有被历史条件所规定的人。

当然,只有被历史条件所规定的人。但是他在不小的范围内具有"普遍的价值"（否则"人道"一字没有意义）。此外，他有着某种"普遍的责任"（但这点对我们现在无关）。如果没有这种普遍性格，这种普遍人性，那么，一个时代和另一个时代，一个民族和另一个民族就不能互相了解，并且不能够有一个比较，尤其是不能有一个可以传播给别的时代、别的种族的人们的艺术。然而确实有这种艺术，这是一个"基本事实"。我们这里是从这个基本事实出发，这个事实我们无须索取任何证明。谁承认了这个基本事实，谁就要接受我们所说的普遍人性的概念。

此外，还要注意，同黑格尔一样，我们的主要着眼点是希腊以来的各个时代。我们不是说，人类就其作为一种生物来说有"普遍性"，而是说，一定发展阶段中的历史的人，也有"普遍性"，因而我们所说的"普遍人性"本身就是在历史中完成的。不过这段历史时期很长，并且和那个与它密切联系的艺术历史一样，具有这样的特性，即它的影响是经久的，从趋势上看，是一时不易消失的。为了这个相对的持久性，我们在叙述这个问题时可以放松历史这一方面。当我们在此简略地说着"一切的人"，说着"永远"，说着"到处"的时候，请读者了解这些措词是常常不是很精确的。

十

那么这里所说的普遍人性究竟是怎样的一种意义呢？——人们有理由这样发问。普遍人性是否永远只是一个极模糊的抽象，是不是用重复露光的方法，把"所有的人"重叠地摄在一张底片上的照片？

我们举一个简单的例子：譬如歌德的小诗"我在森林里漫步……"照上面所说的第一个评量标准，这首诗的等级高低应该看它把歌德的时代表达到什么程度。无疑，人们能够从这首诗中吸取一些关于这个时代的东西——例如关于在那个时代里男女相互间的地位。但是不会有人认真地从这方面来评量这首诗的等级。卢卡契所说的黑格尔的第二个"绝对的"价值标志不是很明显的。但是首先，隐藏在这首诗里、由这首诗表达出来的人性，尽管那么具有素朴的内在的信心，却不是表示英雄式的天真的浑朴。这人性却是由于个人人格努力的结果，而不是由于社会的陶冶。所以不是卢卡契定义下的人道。假使人性就是这样，它是否就是伟大了呢？一切从一个一定的人性中来的并且"透露"着人性的东西都是伟大的了。这是无可争辩的。当我们称这首诗是伟大的，为了它有普遍人性的内容的时候，这就是暗指下面的意思：这首诗的主题是关于多情地发现，移植和爱护一棵花的事情。这个直接的主题几乎一切时代，一切民族的人——至少在歌德以后——是都能了解的。经常会有人"这样"发现，移植和爱护一棵小花，就像歌德所描写的一样，这普遍人性的内容在这首诗里之所以成为圆满的艺术形象，首先由于这整个经过是用像这段经过自身——从故事来说——同样的素朴和深情叙述出来的：一种主题和形象构造中间最圆满的谐合，这谐合却不是在一切艺术都是如此。由某一个采特勃罗姆去叙述着阿德利映·莱费尔肯[①]，不是毫无理由的。但这个

---

[①] 译者注：这是托玛斯·曼的小说《浮士图斯》中人物。

谐合在这里，在这顶顶真挚的抒情诗中，却意味着不可企及的标记。关于携回一棵花的事情歌德的诗是"绝唱"了。但仅仅是这一点吗？这棵花是唯一的珍物，人们会用这样的钟爱和小心去发现它，移植它，保护它？即使我们不知道这里歌德是把他和克莉斯蒂映娜之间的那段经历在这里加以形象化（这事件对这首诗的产生是具有决定性的关系的，但对于这诗的评价却是完全无关系的）。对我们来说，这首诗也会不知不觉地成为一个隐喻，隐喻着携回另外一种珍宝——并且成为另一首诗"野蔷薇"的对立物。"野蔷薇"这首诗也是隐喻着对于花、子女以及这个世界中的别种珍物的完全相反但是也具有普遍人性的态度。但是在我看来，我们这首诗正是因此而比"野蔷薇"更圆满，更伟大，因为在这里花"没有说话"，因为即使花不说话，我们也能够把它看作明显的寓言，并且在某种意义里甚至应该这样才好。无论如何，谁对于这诗的爱好是直接由于这个寓言本身而不是因为它的"背后"有可猜测之处，谁就是较好地把握了这首诗。这个较普遍的内容应该而且能够在我们心中引起共鸣，这也规定着这诗的价值大小。这个较为普遍的内容，在一定程度上歌德也许已把它"歌唱尽了"。

假使人们以为我们的评量标准是比卢卡契所说的黑格尔的"第一个"评量标准要抽象些，那就误解我们的意思了。我们并不是要把对"普遍的"世界状态的透彻表明来代替对具体的世界状态的透彻表明。我们是拿对具体的普遍人性的主题的透彻表明来代替对具体世界状态的透彻表明。而且照我的意见，对具体世界状态的透彻表明是比较抽象的。如果我说：我们是对那常说的"典型的"东西——它正是一个具体的普遍的东西——用一种更为普遍的具体东西——普遍人性——来补充，这大概更容易理解了吧。但在这里，绝不应该丢掉具体的时间性的东西。艺术的形象永远不能也不应该是普遍的。艺术永远表示着一个完全规定了的"如此相"。但是在艺术意义上这"如此相"并不以"如此相"引我们的兴趣，历史的正确性也永远不能完全构成一个艺术作品的伟大。在一个伟大艺术作品面前人必须能够说：人（或这一自然界或其他）就是这样的，他在这现存的环境中必须是如此，必须如此行动，必须遭受着如此的命运。如果人们不仅仅看见"如此相"，而进一步看透那个"这样"，然后人们可以把这个"这样"，即普遍人性，作为艺术作品的内容——并且假使因为完全别样的环境，这内容不能表现为"如此相"，或如此经过，人们也是会理解的。

我在此只想谈谈主题中的普遍人性的程度差异，而不想谈普遍人性的主题本身中的等级区分。这种等级区分是有的——例如等级区分会产生这样结果：给予浮士德一个比较"我在森林里漫步"一诗更高的评价。但是这却是更高一级的问题，这是不再能用几个特殊的美学范畴来说清楚的。从这个高一级的观察阶段来看，这样的一些观点，例如对世界状态的广泛而透彻的说明，人道主义的内容和指明未来的内容都将发生作用。所以人们似乎可以分别三个观察阶段：1. 如果一件艺术品的内容成为完全感性的形象，它就是"完成的"。2. 一件"完成的"艺术作品的内容愈有普遍人性，它就愈伟大。3. 就在"同等伟大"的艺术作品中也可以有等级差异，这就要依据另外的评量标准了。但是在这里也好，在任何其他地方也好，我以为必不可跳越第二阶段的问题，这第二阶段的问题是比"第三阶段"的问题更广泛。例如，等级问题在音乐的第三阶段中的意义就根本不同于等级问题在诗的第三阶段上的意义。

十一

如果人们在讨论时拿普遍人性作评量标准，那么按照上面所说，绝不能够这样说：一个作品的主题愈抽象，它就愈加伟大。直接的主题永远是完全感性的、具体的，而普遍人性问题是基本上和抽象无关的。它所要做的是，只是看看某一个主题是不是经常起作用的；精确一点说，那个直接的主题是不是通过一些普遍的东西透彻地表示出来，是不是到处被了解，以致于那作品能够到处作为自己内心经历的隐喻被感觉着。那么一件最伟大的作品就是从事于最平凡的和最日常的东西了吗？不仅是日常的东西，就是那些非日常的东西也是具有普遍人性的。而且最后这也是一个趣味问题，如果一个人把幸福称做平凡庸俗，还有比我们那首诗"我在森林里……"更为平凡的——如果人想这样说它——主题吗？但是，谁能设想出除了歌德以外还有任何一个诗人曾把它"唱说尽了"的呢？我们才说到幸福：有比一个幸福的微笑更为普遍人性的主题吗？尽管世界上有那么多的圣母像——我却只认识唯一的一张画，在这张画上幸福是那样成为一个微笑，以致于我在生活里每次见到一个幸福的微笑的时候，总会去追忆这幅画：这就是达·芬奇圣母像中的圣安娜（藏巴黎卢佛宫）。这种"追忆"

不就是艺术的伟大的可靠的见证吗？

　　艺术的评量标准当然是一件特殊的东西。它们不像一管尺子那样可以量，它们只能指出方向。因此它们到了某一种人手中就毫无用处。这种人没有领会艺术表现的感觉器官，在这里，也就是没有领会艺术的"伟大"的感觉器官。我们在这里说的是主题的普遍人性，一个没有指尖感觉的人想要用触觉感觉出什么是他所评判的具体作品的真正对象、主题、内容——向那个方向去寻找那隐喻的东西——那是要失败的。他或许会听到过，在圣母像（我们仍然谈我们所举的例子）的主题是母爱——事实上圣母像时代的"世界性历史任务"确也是在于"唱出"这个主题。他若是抱着这个顽固的成见去看西斯亭娜，他将一无所得。因为西斯亭娜的真正内容和伟大是完全属于另外一路。在这张画里面主要的东西指向着这样一个真正的方向：这就是同时从玛利亚和她的孩子的眼光中流露出来的是那种可惊的，几乎是超人的严肃神情。拉斐尔让这些眼光流露出这样的意识，即前所未闻的巨大的使命和责任和同样巨大的预感到命运之沉重。这是"普遍人性"的吗？它能不能感动那些不以基督教传说为绝对真实的人呢？我相信：每个人都能感觉到西斯亭娜的伟大，只要对这个人说来伟大责任的意识还是一个可以了解的主题，他就能觉察到，在这里"内容"是多么圆满地成为"形象"——这自然也表达在画中的圣母和耶稣对之显现那些人像中。如果我们要用这个方式透过宗教的表现形式——拉斐尔已经把那上面说的那个内容的表现形式"唱出来了"——见到普遍人性，我们也就做了黑格尔以巨匠的手腕所能做的一些东西。我首先记起:他把荷马诗中那些神们的现代经过下述方法归结为普遍人性,他指出,这些诗可以处处理解为那些有关的英雄们的内心彷徨和果断的象征。

如果一个外行人用艺术评量标准去批评音乐,这事自然是特别糟糕的。而事情却是这样,在今天研究音乐问题的人是太少了,所以一谈到音乐现象有一些美学理论就会把它归结为纯粹的空气振动。就是黑格尔也必须承认对音乐所知不太多,但是他仍然至少认识音乐的"系统的"地位(不仅是在他的系统中的地位)——因此我们无论怎样要感谢他的在一切的定义中一个最精当的,最天才的关于音乐本质的定义:音乐即是有节奏的叫喊(按:德文说来即"美的叫喊")。音乐根本不"表现"什么——至少不是首要——不反应什么,甚至于不诉说什么,不叫喊什么,也不是心灵感触的表现,而是它本身就是这种诉说、歌唱,当然只是放进一个紧凑的,简洁的形式中——即是成了节奏。因此在这里"形式"和"内容"完全不能拆开,而一个奏鸣曲的真正主题事实上只是在它里面"奏着的"和"变化着的"东西。但是虽然这"成了节奏的叫喊",绝不"模写""不成节奏的"叫喊,更绝不是模写所叫喊的内容,它却仍然能够成为一切可能说出的东西的象征。在这个意义上人们在音乐方面也能谈一谈普遍人性的内容。什么东西构成《马太受难曲》,尤其是那合唱的尾调的伟大?这个尾调——越出一切宗教传说题材以外——不是一种鼓励信心的慰藉的旋律,不是对一个死得有价值的受难者的苦痛加以慰藉的旋律吗?基本上这不是同一个旋律,它振荡在一切安慰亲近的人的音声中，使他能振作起来——这同一的旋律，同一的叫喊，只是壮伟地"加上了节奏"——它成了这整个作品的尾曲。或者人们想想《特里斯丹》①的第二幕："呵，沉下来吧，爱的黑夜"。对这种创作谁想认真地用上面所说的两个评量标准去研究一下呢？

十二

我们说的是关于评量标准。人们必须从普遍人性的内容来确定增或减，大或小，至少也要说出一些道理。因此我大胆试图用几个例证来说明这个可能性。在这方面我自然不能再倚赖黑格尔的主张。

我们就举一举所能想到的最伟大的例证，即《伊利亚德》伟大还是《奥德赛》伟大的问题。撇开我的儿童时期——这时期《伊利亚德》的英雄们是对我们大家更接近些——不说，我绝不迟疑把锦标给予《奥德赛》。首先那整个主题是较广大一些，也较为普遍些：终于从一个几乎消耗了一生的迷途旅行回返故乡——象征着能够知道从一切的惊涛骇浪中回到平安的海岸上的人生；人们几乎可以说这是一个同《浮士德》对立的古典作品：从情节的内在速度，目标和其他方面的意义上自然都完全不同；但是或许并不比荷马时代与歌德时代双方的差异更大些。贝拉顿的愤怒能够同阿溪里的愤怒相比吗？或者有人以为，这愤怒并不是《伊利亚德》的真正的主题，真正的主题应该是一个民族为了它的生存而战争（即应只有托罗亚人才是英雄了）——或者根本上是为一共同事业而牺牲（这样一来阿溪里的地位显得特别

---

① 译者注：瓦格纳的歌剧。

空虚)？人们或许可以在这上面争辩，但我不大相信这些。至于提到个别幕景里的普遍人性内涵，我看在《伊利亚德》里面是没有什么能够比得上《奥德赛》里诺西卡插曲和优茂斯一幕的——虽然《伊利亚德》里有着赫克陀的离别，老勃里亚摩战胜了阿溪里的心等情景。

现在再举别的例子，现代文学里面的例子！易卜生将"留下"什么？一定不是娜拉或群鬼。它们的直接问题同时代的联系太密切了，因此不能够是普遍人性的。在它们的"如此相"后面没有透露出一个普遍内容的"这样"，使它的象征能够"多"含蓄一些东西。一部分原因是主题不够深入，另一部分原因是由于感性造形力量不够感性地精炼。在勃朗德和派尔·金特的作品中这力量好像是存在着——我想说：虽然它有着更为普遍人性的主题。我说"虽然"：因为主题愈"普遍"，艺术的处理愈加困难，能处理好的愈加稀少。我以为，易卜生能够做到这样，因为他对于这两个主题是有着特殊的个人的亲和力的。

盖哈特·霍普特曼将留下什么作品呢？自然不是《沉钟》和《比巴》，《寂寞的人们》和《日起之前》也难留传，《享采尔车夫》《米西尔·克拉美尔》《昆特》《大母》《英地波地》较好些，一定能留传的是《鼠》《织工》和《獭皮》。在《织工》里虽然地方色彩极端特殊，但普遍的东西仍然在每一句子里清楚地透露出来，人们在听到每一句句子时会说：在这里，那里，一切地方人是这样，他在困苦和压迫中是这样的和这样行动的。"总归一句话"，这作品纵然有明显的弱点：普遍人性在这里成了长存的形象了。

托玛斯·曼怎样呢？《布登勃洛克》会留传，这几乎是已经确定的了。《魔山》和《浮士图斯》呢？尽管《魔山》对于托玛斯·曼的内心发展和他的时代的意义多么大，而我对它的问题中的普遍人性的内涵仍觉怀疑，——更可怀疑的是这内容能不能在这个故事的轮廓内"完全歌唱出来"。这问题在《浮士图斯》一书中更为有趣。《浮士图斯》是比《魔山》更紧凑，更艺术地集中：一个人，唯一的一个人，在这本书中成为他时代的象征。但问题是：他是否成为他时代的真实象征——或仅是时代的一部分的象征。这个问题由于下面原因更为迫切，因为托玛斯·曼自己总代表着这样一个立场，他认为善和恶的中间不能画出具体的分界线，例如也不能在善的德国和恶的德国中间画分界线一样。在莱费尔肯这人身上也隐藏着"善"吗？在这里隐藏着这么多的善，在任何一个意义上人们都可以说："这样"才是人……虽然还得添加一句："这样"的人，如果他同魔鬼订契约是不是会成为"如此相"呢（这也是人的一个可能性呀）？我不相信会这样，我把托玛斯·曼的"从市民到人的道路"推崇得高得多——就像诗人对他的约瑟夫的看法一样。就像批评易卜生一样，我在这里也要说：虽然他写的是具有更加普遍人性的问题。

## 十三

还有无限多的话可说——这些话里面也有一些对于读者来说将是"很显然"的，例如关于《母亲的勇敢》或关于《伽利莱·伽利略》[①]。但是例子已够了——怎么样利用它呢？我们应该完全放弃倾向性和时代

---

[①] 译者注：德国著名作家柏托尔特·布莱希特的作品。

性吗?我们应该首先寻找一个具有普遍人性的故事,然后就会"万事大吉"了吗?

自然不是的,这样的结果将会是一个人性的——"过于普遍人性的东西"①了(人都知道,这个怪名词是从哪里来的,并且也许会认为这名字是符合于事实的)。这话就在美学问题方面也是适用的,这就是把艺术的功用问题撇开一边。我们渐渐知道,倾向性对于艺术并无害处,如果艺术对于他"所要说的话是严肃的"。在美学里,倾向是在某种程度上使感觉集中化的一个陶冶方法。此外我们还应考虑的,就是关于艺术的世界性历史任务——即"完全歌唱出"每一个时代最真正的主题——这方面我们的见解。当然,倾向性、歌德式的"党派性"本身也还不能保证艺术的有价值的内容。但是人们也许仍然可以说:每一个主题必须同某些普遍人性有关联,如果它想要根本上成为艺术的内容并因此而成为艺术的形象。

我并不是主张,普遍人性的内容是艺术的唯一的评量标准。我也一次没有说过,它是评量艺术好坏的唯一的标准。我的主张是,它在"第二观察阶段"上是艺术是否伟大的决定性的评量标准。我试图指出,在黑格尔美学里这个标准起着主要的作用(虽然这种作用在表面上很少表现出来)。我的坚定的信念是,它在未来的美学里也将起这样的作用。如果我们求教于这个标准,今天我们耳边听到的大部分的问题,将得到另一种的较正确的看法。因此我以为现在已经是把黑格尔关于这个问题的看法提出来给大家讨论的时候了。

---

① 译者注:尼采曾写过《人性的,太过人性的》这本书。

# 第三章 美话人生

艺术创造的作用，是使他的对象协和、整饬、优美、一致。我们一生的生活，也要能有艺术品那样的协和、整饬、优美、一致。总之，艺术创造的目的是一个优美高尚的艺术品，我们人生的目的是一个优美高尚的艺术品似的人生。

# 一 ○ 我和艺术

我与艺术相交忘情,艺术与我忘情相交,凡八十又六年矣。然而说起欣赏之经验,却甚寥寥。

在我看来,美学就是一种欣赏。美学,一方面讲创造,一方面讲欣赏。创造和欣赏是相通的。创造是为了给别人欣赏,起码是为了自己欣赏。欣赏也是一种创造,没有创造,就无法欣赏。六十年前,我在《看了罗丹雕刻以后》里说过,创造者应当是真理的搜寻者,美乡的醉梦者,精神和肉体的劳动者。欣赏者又何尝不当如此?

中国有句古活,叫做"万物静观皆自得"。静故了群动,空故纳万境。艺术欣赏也需澡雪精神,进入境界。庄子最早提倡虚静,颇懂个中三昧,他是中国有代表性的哲学家中的艺术家。老子、孔子、墨子他们就做不到。庄子的影响大极了。中国古代艺术繁荣的时代,庄子思想就突出,就活跃,魏晋时期就是一例。

晋人王戎云:"情之所钟,正在我辈。"创造需炽爱,欣赏亦需钟情。记得三十年代初,我在南京偶然购得隋唐佛头一尊,重数十斤，把玩终日，因有"佛头宗"之戏。是时悲鸿等好友亦交口称赞，爱抚不已。不久，南京沦陷，我所有书画、古玩荡然无存，唯此佛头深埋地底，得以幸存。今仍置于案头，满室生辉。这些年，年事渐高，兴致却未有稍减。一俟城内有精彩之艺展，必拄杖挤车，一睹为快。今虽老态龙钟，步履维艰，犹不忍释卷，以冀卧以游之！

艺术趣味的培养，有赖于传统文化艺术的滋养。只有到了徽州，登临黄山，方可领悟中国之诗、山水、艺术的韵味和意境。我对艺术一往情深，当归功于孩童时所受的熏陶。我在《我和诗》一文中追溯过，我幼时对山水风景古刹有着发乎自然的酷爱。天空的游云和复成桥畔的垂柳，是我孩心最亲密的伴侣。风烟清寂的郊外，清凉山、扫叶楼、雨花台、莫愁湖是我同几个小伙伴每星期日步行游玩的目标。十七岁一场大病之后，我扶着弱体到青岛去求学，那象征着世界和生命的大海，哺育了我生命里最富于诗境的一段时光……

艺术的天地是广漠阔大的，欣赏的目光不可拘于一隅。但作为中国的欣赏者，不能没有民族文化的根基。外头的东西再好，对我们来说，总有点隔膜。我在欧洲求学时，曾把达·芬奇和罗丹等的艺术当作最崇拜的诗。可后来还是更喜欢把玩我们民族艺术的珍品。中国艺术无疑是一个宝库！

多年以来，对欣赏一事，论者不多。《指要》一书，可谓难得。书中所论，亦多灼见。受编者深嘱，成此文字，是为序。

本文是作者为《艺术欣赏指要》（江溶编）一书所作的序，
1983年9月10日写于北京大学未名湖畔

## 二 ○ 学者的态度和精神

我向来最佩服的，是古印度学者的态度，最敬仰的，是欧洲中古学者的精神。古印度学者的态度怎么样？他们的态度就是：

绝对地服从真理，猛烈地牺牲成见。

当龙树、提婆的时候，印度学说的派别将近百种。他们互相争辩的激烈，可想而知。但他们争辩时的态度却很可注意！当未辩论以前，那辩论者往往宣言："若辩论败了，就自杀以报，或皈依做弟子。"辩论之后，那辩论败的不是立刻自杀，就立刻皈依做弟子。决不作强辩，决不作遁词，更没有无理的谩骂，话出题外，另生枝词的现象，像我中国学者的常态。这种态度，你看可佩服不佩服？这才真是"只晓得有真理，不晓得有成见"呢！这就是古印度学者的态度，我希望中国的新学者也有这种态度！欧洲中古学者的精神又怎么样呢？他们的精神就是：

宁愿牺牲生命，不愿牺牲真理。

欧洲中古时的学者，因发明真理，拥护真理，以致焚身入狱的，很不甚少见。他们那为着真理、牺牲生命时所受的痛苦，若给中国学者看了，很觉得不值得。但真理却因此昌明了！人类却因此进化了！那学者一时的生命与痛苦又算得什么，那学者的心中只晓得真理的价值，不晓得生命的价值，这才真是学者的精神。

总之，学者的责任，本是探求真理，真理是学者第一种的生命。小己的成见与外界的势力，都是真理的大敌。抵抗这种大敌的器械，莫过于古印度学者服从真理，牺牲成见的态度；欧洲中古学者拥护真理，牺牲生命的精神。这种态度，这种精神，正是我们中国新学者应具的态度，应抱的精神！

原载《解放与改造》第2卷第1期，1920年1月1日出版

# 三 ○ 说人生观

世俗众生，昏蒙愚暗，心为形役，识为情牵，茫昧以生，朦胧以死，不审生之所从来，死之所自往，人生职任，究竟为何，斯亦已耳。明哲之士，智越常流，感生世之哀乐，惊宇宙之神奇，莫不憬然而觉，遽然而省，思穷宇宙之奥，探人生之源，求得一宇宙观，以解万象变化之因，立一人生观，以定人生行为之的，是以，今日哲学之所事有二：

一、依诸真实之科学（即有实验证据之学），建立一真实之宇宙观，以统一一切学术；

二、依此真实之宇宙观，建立一真实之人生观，以决定人生行为之标准。

第一问题，今世欧土大哲学家殚思竭虑，以从事于此者甚众，大致可分四大派别：一、唯物派，二、唯心派，三、实证派，四、认识论派。樵将另篇详其原委，今所略述者，即是第二问题之一部分。

第二问题，即由宇宙观决定人生观是也。但今世学派分歧，人各异执，尚未得一确定不易、举世共认之宇宙观，是以，人生观亦因人而异，不归一致。今但就樾平日观察所见，各种人生观，及由此人生观所发之人生行为，略陈于后，并稍附鄙见，先列一表，以明条理：

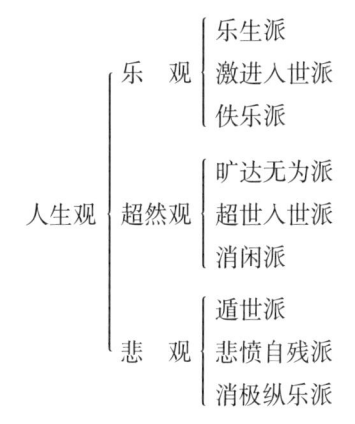

$$
\text{人生观}\begin{cases}\text{乐观}\begin{cases}\text{乐生派}\\ \text{激进入世派}\\ \text{佚乐派}\end{cases}\\ \text{超然观}\begin{cases}\text{旷达无为派}\\ \text{超世入世派}\\ \text{消闲派}\end{cases}\\ \text{悲观}\begin{cases}\text{遁世派}\\ \text{悲愤自残派}\\ \text{消极纵乐派}\end{cases}\end{cases}
$$

宇宙真际，人生实事，变化迁流，皆有因果。依常恒不变之律令，据亘古常新之公理，本无悲观乐观之可言，悲乐云者，有情众生，主观之感也。但众生既含识有情，迷执主观，则于人事世事，不能无欣厌之情，悲乐之见。乐观之辈，视宇宙如天堂，人生皆乐境，春秋佳日，山水名区，无往而非行乐之地。悲观者，视人生为苦海，三界如火宅，生物竞存，水深火烈，扰扰生事，莫非烦恼。而明理哲人，神识周远，深悉苦乐，皆属空华。栖神物外，寄心世表，生死荣悴，渺不系怀，但悯彼众生，犹陷泥淖，于是毅然奋起，慷慨救世，是超世入世观也。唯此三观，可尽人生观之大致。今将分别论之。

## 一 乐观

乐观原因异致，有哲人之乐观，诗人之乐观，政治家之乐观，社会学家之乐观。其所以乐观者殊，而乐观之意则同也。何谓乐观？乐观云者，即是心中意中，以为宇宙美满，人生无憾，纵时事有困难窘败之点，而以为此种现象，适所以砥砺磨折，以成将来美满之果。于是，心怀勇往之气，奋然激进，求达所望，此乐观之派，亦有足取者也。十七世纪，德国哲学家莱布尼茨氏，尝拟证明此世界为最美满之世界，其证如下：

真神理想中有无数之世界，神从此诸理想世界中选其一而创造之，则必为其最美满者无疑，何以故？以真神有全智全能仁慈三德故，以全智，故能选此最良之世界；以全能，故能造此最良之世界；以仁慈，故欲造此最良之世界。

此等证论，现在当然不能成立。康德已于《纯知检核论》（今译《纯粹理性批判》）中，破之无遗。是故，哲学家能以学理证明世界之乐观者，尚未得其人。其实，世界实际，本超苦乐，苦乐之感，纯属主观，而诗人之乐观，则有可言者。诗人歌咏性情，情之所感，发而为诗，诗人对于世界人生，不以学理观，不以事实观，而以心中之感情观也。情分悲乐，于是有悲观之诗人，有乐观之诗人。乐观诗人，徜徉天地间，惊自然之美，叹造化之功，歌咏之，颂扬之，手之舞之，足之蹈之，誉宇宙为天堂，为安乐园，人之生世，在此大宇长宙间，山明水秀，鸟语花香，无往而非乐境也。此派乐观诗人，因惊宇宙之美，遂忘人世之苦，固属偏见，而自然界现象之宏伟壮丽，亦人类所共认也。德国哲学家萧彭浩氏尝有言曰：世界旁观之则美，身处之则苦。颇具深意。哲人诗家之外，尚有乐观之政治家及社会学家，或激于爱国之忱，或感于人道主义，谓国家前途，人类将来，日渐进化，有美满无憾之一日。至于社会庸民，处治安之世，欣欣然乐其生命，则乐观之又一派也。现世界乐观之士，颇不乏人，拟别为三派如后。

一、**乐生派** 人孰不乐生而恶死，缘此天然乐生之意，遂觉生之可乐，死之可哀，兢兢业业，终日操作，求得其生以为满足，思想不越生事之外，见闻不出闾里之间，或农或工，或商或仕，熙熙融融，于以没世，此所谓乐生派也。此派之人，无远想，无特识，为己之意多，利他之心微，虽称社会之良民，实非世界之哲士；又有一类隐逸诗人，旷达高士，如陶渊明其人者，田园幽居，东窗啸傲，陶然自得，藜藿自甘，自食其力，不待给于社会，亦欣欣然有乐生之意，而旷达为怀，斯乃由旷达观而生乐观者也。列之乐生派中，而高风邈矣。

二、**激进入世派** 热忱之士，蒿目世艰，愤社会之窳败，感人生之多忧，梦想大同盛治之世，遂慷慨入世，愤不顾身，百折不回，坚忍卓绝，此诚可钦可敬者矣。古之墨翟即斯派之杰也。然此派之人，若未先具有超然旷达之观，夷视一切，成败利钝，皆所不计，而太持乐观以为事可必达，功可必成，则一旦失意，悲愤自残，往往侘傺无聊，颓然自放，不堪再振矣。

三、**佚乐派** 此派众生，社会之蠹，实无可论之值。但既属社会所有，则亦不得不记，以待先觉之士，筹警觉导悟之策。此派之人，大都富家纨绔子弟，堕落青年，身处膏粱文绣，习于奢侈淫乐，不识人类之艰苦，以为人生行乐耳，何兢兢于学术事功为，昼夜昏茫无所事事，既胸无学识，用自遣意，又久习柔靡，不能自振，不得不召聚同类，放纵佚乐，以排胸内之无聊，厌身心之欲望，一日不获纵其乐，便惆怅无所措手足。察其精神堕落之苦，实胜贫民手足胼胝之劳，而自以为享人生之至乐也。逮夫精神沉销既尽，漫天暮气，继之而起，绮丽繁华，无复意趣，学术事功，又素所未娴，于是踯躅无聊，莫知所可，益自颓放，从事悲观，醇酒妇人，自残生命，是则由乐观之佚乐派，堕入悲观之消极纵乐派矣。此派之人，不乏明慧可爱之少年，而社会罪恶，家庭窳败，诱使堕落，以戕天才，实社会上最可痛心之事也，先觉之士，当思有以处之。

乐观三派既陈于右，请继述悲观之派。

## 二 悲观

悲观缘起，亦各殊致，有哲人之悲观，诗人之悲观，社会学家之悲观，宗教家之悲观。何谓悲观？悲观云者，即是心中意中以为世界多憾，人生多忧，亘古如斯，永无改进之一日。社会进化，罪恶烦恼，与之俱进，人心机诈，因文明而日深，生事艰难，缘进化而愈甚。东方哲人，自古多悲观之士，而今日欧西哲学，亦颇盛唱悲观。唯心之家有萧彭浩氏（A. Schopenhauer，即叔本华），唯物之派则依据达尔文生物竞存之学术，于是悲观之见，竟得哲学之根据。今请略陈其说。萧彭浩氏著《世界唯意识论》（今译《作为意志与表象的世界》），畅阐世界罪恶，人生苦恼，以天才之笔，写地狱现象。其书之出，震惊一世，其悲观之言曰：世界众生，皆抱求生之意志。

生之未得,深感苦恼,生之既得,遂觉无聊,而眇眇微躬,举世皆敌,困厄危险,百出不穷,略不警觉,即丧生机,而人类之大敌,即是人类。盖人类贪残凶狠,不亚猛兽,乃佐之以机诈狡谋,实禽兽所不及。此犹人生自外铄我之痛苦也。而人生痛苦之源,实即自心。自心欲望无穷,希求无厌,求之不得,盛生烦恼;求之既得,耽玩未久,即生厌倦。厌倦之情既生,则向之所欣,俯仰之间,皆成陈迹,无复系怀,于是新生所倦,聊以自遣,希求厌倦,周而复始,人之一生,来往于苦恼无聊之间而已。痛楚无穷,而不自悟。萧彭浩之悲观哲学,是由心理学而建立者也。达尔文学术之悲观,则根据生物学。生物学者,即研究世界一切含生之物生存状态之学也。达尔文之言曰:一切生物,因求维持生命,时时在战争中。或与天然之困苦境界战,或与同类争生存之资粮而战,或与异类因避困厄而战,或与疾病战,或与自心战(此惟人类为盛),时时战争,无时休息,因战争而进化,因进化而战争,战争之形式不同,而战争之原理则一,其一维何,即求维持生命,增进生命而已。如此世界,如此战争,悲观之生,何由遏止?是以达尔文之学术出,而悲观之哲学大盛也。哲学之悲观既已颇得证据,于是文学思潮亦因之大变,近代俄国写实派文学,盛写社会之恶,人生之苦,风行一世,实悲观派之文学也。悲观诗人,自古已多,《离骚》之作,是忠君爱国所激发之悲观也。此外,穷愁抑郁之篇实不可胜数,尤以中古时意大利诗人但丁《地狱》(今译《神曲》)之诗,最为著名。但丁所描写之地狱,即指此人世言耳。社会学家之悲观,以谓世界人数日增,而世界资粮不足所需,必至于战争,此战争之祸所以永不可灭也。此外,尚有宗教家之悲观。世界最大宗教有五：即佛教、婆罗门教、耶教、回教与犹太教。前三教信徒最多，而皆悲观之教也。盖宗教之起，实由恐惧与希望。夫人世多艰，危害百出，自顾微躯，难与命抗，乃穷极呼天，求鬼神意外之援助，此鬼神之祀所由起也。智慧稍进之民，感苦之情益甚，往往生解脱出世之想，此世界最高宗教佛、耶、婆罗门所由兴也。宗教悲观，有自来矣。既述悲观缘起大略如右，请继陈悲观行为之三派：

一、**遁世派** 巢父、许由、务光、涓子，此上古著名之遁世派也。此派高人，厌世俗，避尘嚣，遁迹山村，隐踪岩壑，高尚其志，弗撄尘网，殆亦以世俗人类之鄙恶，而爱山林风物之清幽。尤以举世茫茫，无可与语，高山流水，聊寄幽怀，故宁遁畎亩，躬耕自食，不愿与世周旋，同流合污。此派高风，可起顽俗，但以责备贤者之义衡之，微嫌缺少大悲心耳。此等大都智解超人心襟高洁之士，果能用世，其建设当胜庸俗百倍，而以不合时宜自放，惜哉！然亦社会之恶有以至此也。

二、**悲愤自残派** 爱国志士，救世哲人，悲祖国之沉沦，感社会之堕落，奋进激起而不得其术，一旦失志，贻笑世人，遂起悲观，愤激自残。古之屈原、贾生，皆此之类。此派之病，在未能先具超世达观，不计成败，故一朝弗达，遂不自持，诚可悯也。然如其人才，已寥落不可多见矣。若夫市井之徒，不忍一朝之忿，激而自戕，与夫丧志少年，因家庭之困厄，情爱之无终，自残其生，以释痛苦，则皆可悯而不足道者也。

三、**消极纵乐派** 此派之人，大都亡国之士，社会失望之人，或潦倒之诗家，或丧志之少年，希求已绝，无复生意，而贪恋世乐，不肯自戕，遂纵情诗酒，聊以忘忧。甚或醇酒妇人，自残生命，斯悲观之极，而强自为欢者也。其情虽可悯，而其行实不足取。意志薄弱，为斯派之大病。既不及遁世派之高尚，又不如自残派之果决，而窃效乐观派行为，于人世佚乐，犹深着贪恋之心，实悲观派之最下者也。

以上三派，虽行为不同，皆以悲观为其因。今将继述超然之观。

## 三　超然观

世界实际，离言说相，离名字相，离心缘相，毕竟平等。释迦平等之谈，庄周齐物之论，阐之详矣。惟有情众生，迷执主观，于违顺境，生爱恶见，遂谓世界，实有苦乐，诚妄执也（今日科学之客观物质世界，亦超苦乐之外）。于是世之哲人，莫不盛称超然之观。超然观者，对于世界人生，双离悲乐者也。或言诸法毕竟空，既无有法，亦无有我；既无有我，何有苦乐？此诚大乘了义之谈。或言万物平等，死生不二，若能情离彼此，智舍是非，则苦乐二情，并无异致。是乃庄周旷达之说。庄周释迦，诚古之真能超然观者矣。虽然，众生迷妄，犹未解此，贪嗔痴迷，造业受苦，圣哲之士，心生悲悯，于是毅然奋身，慷慨救世，既已心超世外，我见都泯，自躬苦乐，渺不系怀，遂能竭尽身心，以为世用。困苦摧折，永不畏难，不为无识之乐观，亦非消极之悲观。二观之病，皆能永离。是以超世入世之派，为世界圣哲所共称也。

超世入世派，实超然观行为之正宗。超世而不入世者，非真能超然观者也。真超然观者，无可而无不可，无为而无不为，绝非遁世，趋于寂灭，亦非热中，堕于激进，时时救众生而以为未尝救众生，为而不恃，功成而不居，进谋世界之福，而同时知罪福皆空，故能永久进行，不因功成而色喜，不为事败而丧志，大勇猛，大无畏，其思想之高尚，精神之坚强，宗旨之正大，行为之稳健，实可为今后世界少年，永以为人生行为之标准者也。

超然之观，既以超世入世为正宗，而有二派众生，依托超然之名，而无入世之志，则亦不可不述，以尽此篇之旨。二派维何，即旷达无为派与消闲派。

**旷达无为派** 此派之人，闻老庄清静无为之言，不审有为无为不二之致，遂趋于寂灭，偏于无为，静坐终日，不屑事事，或竟尚清谈，纵言名理，而不思以学识事功，有裨人世，其人虽于己之德无亏，而缺乏大悲心，于人世责任，有所未尽也。中国自古名流，多尚此辈，故特言之，愿此后明慧少年，毋堕斯派。

**消闲派** 此派众生，耳飘无为之名，不审无为之实，无为既久，顿觉无聊，无聊之极，遂思有所为以自遣，于是，琴棋书画，箫笙管笛，悠哉游哉，以消永昼，或广集古玩，摩挲终日，或沉湎烟酒，不识昼夜。此派之人，虽无大害于社会，然须知人生闲暇，至为难得，今既终日悠游，一无所事，纵不能从事学术事功，以惠世界，亦当就其所为，专精美术，或造名画，或谱音乐，贡献于世，以助扬人类高尚纯洁之审美精神，斯乃无负于社会耳。

以上述三种人生观及各派人生行为竟。

原载《少年中国》第1卷第1期，1919年7月15日出版

## 四 ○ 新人生观问题的我见

我看见现在社会上一般的平民，几乎纯粹是过的一种机械的、物质的、肉的生活，还不曾感觉到精神生活、理想生活、超现实生活……的需要。推其原因，大概是生活环境太困难，物质压迫太繁重的缘故，但是，长此以往，于中国文化运动上大有阻碍。因为一般平民既觉不到精神生活，理想生活的需要；那么，一切精神文化，如艺术、学术、文学都不能由切实的平民的"需要"上发生伟大的发展了。所以，我们现在的责任，是要替中国一般平民养成一种精神生活、理想生活的"需要"，使他们在现实生活以外，还希求一种超现实的生活，在物质生活以上还希求一种精神生活。然后我们的文化运动才可以在这个平民的"需要"的基础上建立一个强有力的前途。

我们怎样替他们造出这种需要呢？

我以为，我们第一步的手续，就是替他们创造一个新的正确的人生观。中国平民旧式的人生观……其实，一般人大半还没有人生观可言：因为中国向来盛行孔孟老庄的哲学，发生两种倾向：

（一）现实人生主义：这是大半由孔孟哲学不谈天道、不管形而上问题——超现实思想——的结果。他的流弊，使一般平民专倾向现实人生问题，不知道注意自然，发挥高尚深处，超现实人生，研究自然神秘的观念。他的流弊至极，就到了现在这种纯粹物质生活、肉的生活、没有精神生活的境地。

（二）悲观命定主义：这是大半由老庄哲学深入中国人心，认定凡事都有定数，人工无能为力，所以放任自然，不加动作。没有创造的意志，没有积极的精神，没有主动的决心。高尚的，趋于达观厌世。低等的，流于纵欲享乐。

这两种人生观的流弊，在现在中国社会中发扬尽致了。我们随处可以考察，用不着我细说。不过，那班实行这种人生观的人，自己并不承认，因为他们思想界中并没有人生观三个字的观念。

我们的新"人生观"，从何处创造呢？我以为有两条途径：（一）科学的，（二）艺术的。先说：

（一）科学的人生观

我们知道这"人生观"问题的内容，是含着以下的两个问题！

（A）人生究竟是什么？就是问人生生活的"内容"与"作用"，究竟是什么东西？

（B）人生究竟要怎样？就是问我们对于人生要取的什么态度，运用什么方法？

这两个问题，我想，我们都可以先从科学上去解答他。因为"生活"这个现象，已经成了科学的对象。科学中的生物学（Biology）就是研究"生活原则"的学问。分而言之，生理学（Physiology）是研究"物质生活"的内容和作用，心理学（Psychology）是研究"精神生活"的内容与作用。生活现象的全体已经成了科学研究的对象了。我们不从这个实验的科学的道路上去解决人生生活内容的问题，难道还去学那些旧式的哲学家，从几个抽象的观念名词上，起空中楼阁么？

我们从科学的内容中知道了生活现象的原则，再从这原则中决定生活的标准。譬如，我们知道，生活中有"互助"的现象与"战争"的现象。我们抉择哪一种原则是适合于天演，我们就去尽量扩充发挥，以求我们生活的进化。我们又知"精神生活"是生活中较为高级的进化的现象，我们就应当竭力地发扬他增进他，以求我们生活的高尚。我们又知道生活的作用是创造的变动的，不是固定的消极的，我们就当本着这个原则去活动创造。这是从科学——生物学——的"内容"中，知道我们"生活原则"的内容，再根据这种原则，决定我们生活的态度。

其实，不单是科学的内容与我们人生观上有莫大的关系，就是科学的方法，很可以做我们"人生的方法"（生活的方法）。

科学的方法是"试验的""主动的""创造的""有组织的""理想与事实联络的"。这种科学家探求真理的方法与态度，若运用到人生生活上来，就成了一种有条理的、有意义的、活动的人生。

所以，我们可以从科学的内容与方法上，得一个正确的人生观，知道人生生活的内容与人生行为的标准。

但是，科学是研究客观对象的。他的方法是客观的方法。他把人生生活当作一个客观事物来观察，如同研究无机现象一样。这种方法，在人生观上还不完全，因为我们研究人生观者自己就是"人生"，就是"生活"。我们舍了客观的方法以外，还可以用主观自觉的方法来领悟人生生活的内容和作用。

我们自己天天在生活中。这生活究竟是什么，我们当然可以用内省或反照的方法来观察领悟。不过，我们的意识界，常时被外界物质及肉体生活的关系占据充满了，不大能发生纯粹无杂的自觉。所以，要从自觉上了解生活内容、人生意义，也是不容易的。但我想我们还可以用一种比例对照（Aualogie）的方法来推测人生内容是什么，人生标准当怎样。这种方法就是：

（二）艺术的人生观

什么叫艺术的人生观？艺术的人生观就是从艺术的观察上推察人生生活是什么，人生行为当怎样？

我们知道：艺术创造的过程，是拿一件物质的对象，使它理想化、美化。我们生命创造的过程，也仿佛是由一种有机的构造的生命的原动力，贯注到物质中间，使他进成一个有系统的有组织的合理想的生物。我们生命创造的现象与艺术创造的现象，颇有相似的地方。我们要明白生命创造的过程，可以先去研究艺术创造的过程。艺术家的心中有一种黑暗的、不可思议的艺术冲动，将这些艺术冲动凭借物质表现出来，就成了一个优美完备的合理想的艺术品。生命的现象也仿佛如此。生命的表现也是物质的形体化、理想化。生命的现象，好像一个艺术品的成功。不过，艺术品大半是固定的静止的，生命是活动的前进的。结果不同，而创造的过程则有些相似。

但这种由艺术创造的过程上推想生命创造的过程，终不过是个推想（Analogie）罢了。没有科学的严格的根据。他是一种主观的——艺术家自觉的——想象。不过我们个人自己，不妨抱有这门一种艺术的人生观。从这上面建立一种艺术的人生态度。

什么叫艺术的人生态度？这就是积极地把我们人生的生活，当作一个高尚优美的艺术品似的创造，使他理想化、美化。

艺术创造的手续，是悬一个具体的优美的理想，然后把物质的材料照着这个理想创造去。我们的生活，也要悬一个具体的优美的理想，然后把物质材料照着这个理想创造去。艺术创造的作用，是使他的对象协和、整饬、优美、一致。我们一生的生活，也要能有艺术品那样的协和、整饬、优美、一致。总之，艺术创造的目的是一个优美高尚的艺术品，我们人生的目的是一个优美高尚的艺术品似的人生。这是我个人所理想的艺术的人生观。

我久已抱了一个野心，想积极地去研究这个"科学人生观与艺术人生观"的问题。但是，因为自己的科学与艺术的基础知识太缺乏，至今还没有着手。今天这个短论所写的，乃是我自己所悬拟的着手研究的方向。我很希望国内有许多青年和我同抱这个野心，所以写了出来，以供参采。但是，我所说的实在太简略了，很是抱歉。以后稍有研究时，预备再详细地说一下。

## 五 ○ 怎样使我们生活丰富

要解决这个问题,首先要问:究竟什么叫作生活?

生活这个现象,可以从两方面观察。就着客观的——生物学的——地位看来,生活就是一个有机体同他的环境发生的种种的关系。就着主观的——心理学的——地位看来,生活就是我们对外经验和对内经验总全的名称。

我这篇短论的题目,是问怎样使我们的生活丰富?换言之,就是立于主观的地位,研究怎样可以创造一种丰富的生活。那么,我对于"生活"二字认定的解释,就是"生活"等于"人生经验的全体"。

生活即是经验,生活丰富即是经验丰富,这是我这篇内简括扼要的答案。但是,诸位不要误会经验是一种消极被动的容纳,要知道,经验是一种积极的创造行为,然后,才知道我们具有使生活丰富、经验丰富……的可能性。我们能用主观的方法,使我们的生活尽量的丰富、优美、愉快、有价值。

我们怎样使生活丰富呢?我分析我们生活的内容为"对外的经

验",即是对于自然与社会的观察、了解、思维、记忆;与"对内的经验",即是思想、情绪、意志、行为。我们要想使生活丰富,也就是在这两方面着手;一方面增加我们对外经验的能力,使我们的观察研究的对象增加,一方面扩充我们在内经验的质量,使我们思想情绪的范围丰富。请听我详细说来。

我们闲居无事的时候,独往独来,或是走到自然中,看着闲云流水,野草寒花,或跑到闹市里观看社会情状,人事纷纭,在这个时候,最容易看出我们自己思想智慧的程度的高下。因为,一个思想丰富的人,他见着这极平常普通的现象,触处可以发挥他的思想,触动他的情绪,很觉得意趣浓深,灵活机动,丝毫不觉得寂寞。我记得德国诗人海涅(Heine)到了伦敦,有一天,走到一个街角上站了片刻,看见市声人海中的万种变相,就说道:"我想,要使一个哲学家来到此地站立了一天,一定比他说尽古来希腊哲学书还有价值。因为,他直接地观察了人生,观察了世界。"他这几句话真可以表示他的思想丰富,生活丰富,随处可以发生无尽的观念感想,绝不会再有寂寞无聊的感觉。而一般普通常人听了他这话,大半是不甚了解,因为他们自己设若有了十分钟的悠闲无事,一定就会发生无聊烦闷的状态,不知怎样才好,要不是长夏静睡,就要去寻伴谈心了。由此可以看出,我们的生活丰富不丰富,全在我们对于生活的处置如何,不在环境的寂寞不寂寞。我们对于一种寂寞的、单调的环境,要有方法使他变成复杂的、丰富的对象。这种方法,怎么样呢?我现在把我自己向来的经验,对诸君说说,看以为如何。

我向来闲的时候，就随意地走到自然中或社会中，随意地选择一种对象，作以下的几种观察：

（一）艺术的，（二）人生的，（三）社会的，（四）科学的，（五）哲学的。

先说一个例。

我有一次黄昏的时候，走到街头一家铁匠门首站着。看见那黑漆漆的茅店中，一堆火光耀耀，映着一个工作的铁匠，红光射在他半边的臂上、身上、面上，映衬着那后面一片的黑暗，非常鲜明。那铁匠举着他极健全丰满的腕臂，取了一个极适当协和的姿势，击着那透红的铁块，火光四射，我看着心里就想道：这不是一幅极好的荷兰画家的画稿？我心里充满了艺术的思想，站着看着，不忍走了。心中又渐渐的转想到人生问题，心想人生最健全最真实的快乐，就是一个有定的工作。我们得了它有一定的工作，然后才得身心泰然，从劳动中寻健全的乐趣，从工作中得人生的价值。社会中实真的支柱，也就是这班各尽所能的劳动家。将来社会的进化，还是靠这班真正工作的社会分子，决不是由于那些高等阶级的高等游民。我想到此地，则是从人生问题，又转到社会问题了。后来我又联想到生物学中的生存竞争说，又想到叔本华的生存意志的人生观与宇宙观，黄昏片刻之间，对于社会人生的片段，作了许多有趣的观察，胸中充满了乐意，慢慢地走回家中，细细地玩味我这丰富生活的一段。

以上是我现身说法，报告诸君丰富生活的方法。诸君自由运用，可以使人生最小的一段，化成三四倍的内容，乃不致因闲暇而无聊，因无聊而堕落,因堕落而痛苦了。

但这还不是我所说对外经验丰富的方法。这还是静观的,消极的,偏于艺术的方法。这不过是把我们一种的对外经验,一个自然界的对象,作多方面的玩味观察,把一个单调的、平常的环境,化成一个复杂的、丰富的对象,使它表现多方面——艺术、人生、社会、科学、哲学——的境相。用一个比譬说来,就是我们使我们的"心"成了一个多方面的折光的镜子,照着那简单的物件,变成多方面的形态色彩。这已经可以使我们生活丰富不少。但我们还要使我们"在内经验"也扩充丰富,使我们的感情意志方面也不寂寞,这有什么方法呢?这个实在很简单。我们情绪意志的表现是在"行为"中,我们只要积极地奋勇地行为,投身于生命的波浪,世界的潮流,一叶扁舟,莫知所属,尝遍着各色情绪细微的弦音,经历着一切意志汹涌的变态。那时,我们的生活内容丰富无比。再在这个丰富的生命的泉中,从理性方面发挥出思想学术,从情绪方面发挥出诗歌、艺术,从意志方面发挥出事业行为,这不是我们所理想的最高的人格么?

所以,我们要丰富我们的生活,并不是娱乐主义、个人主义,乃是求人格的尽量发挥,自我的充分表现,以促进人类人格上的进化。诸君也有这个意思么?

## 六 ○ "实验主义"与"科学的生活"

昨日我读了胡适之先生的《实验主义》一书（学术讲演会出版），很受感动。"实验主义"的精神与态度真是改救中国人思想的唯一良药。胡先生高呼提倡，若果能影响到中国青年的思想里面，使中国人空气的积习根本铲除，以事实际现象的研究，则中国学术必将改观，中国思想史上将开一新纪元，其惠益中国文化将在提倡白话文字之上。但是我因读此书，忽又想到一个重要问题，就是创设"科学试验室"。胡先生说：实验主义的根本观念就是科学试验室的态度。我以为这科学试验室的态度是非从真正科学试验室中修养磨炼不能有的。科学真精神的产生处就是科学试验室。若是科学试验室都没有，怎能有实验的精神出现？所以我想我们须首先设法多创立几个伟大完备的科学试验室。结合国中求学的青年常常度这科学试验室中的生涯，一方面可以获得亲切真实的科学知识，一方面练成严格精确的科学态度，然后中国才能产生抱有实验精神的学者，实验主义的目的才真正实现。我们现在须结合同志，筹备创办几个完备善良的科学试验室（各种的试验室如理化的、心理的、生物的），实行在科学试验室中研究学理，磨炼思想。又竭力鼓吹全国学校，自高小以上，都要量力筹设科学试验室，实行科学的试验。高小以下的学校可以设在田野左右，俾学生常常注意自然现象，引起幼孩观察研究的眼光。（其实高小以上的学校也须如此，不过另外还须有科学试验室。）如此做法，才有真正的精神，中国的学术文化才能真受实验主义的影响。否则主义自主义，并不发生什么人生实验的效果，那也就不是Pragmatism所期望的了。（Pragmatism注重一切观念都要能发生实际的效果。）总之，我们既提倡实验主义，就联想到科学试验室，实验科学试验室中的生活。

我向来以为，现在中国青年有两种最优美最丰富而最有价值的生活，就是新村的生活与科学试验室的生活。新村的生活是谋社会的建设，新中国的创造，是在自然界中活泼新鲜的创造生活。科学试验室中的生活是求学理的阐明，新文化的振兴，是在小宇宙中丰富多趣的研究生活。两种都是真有意义有价值的生活。我们任择其一，我们的生活内容就无忧了。最好是科学试验室就在新村中间，我们同时有这两种生活，那时我们的生活可以称做"科学的生活"了。那时实验主义就成了一种活泼的实际生活，不复是学者脑中的理想了。

原刊1919年11月18日《时事新报·学灯》

## 七○青年烦闷的解救法

　　△唯美的眼光
　　△研究的态度
　　△积极的工作

　　现在中国有许多的青年，实处于一种很可注意的状态，就是对于旧学术、旧思想、旧信条都已失去了信仰，而新学术、新思想、新信条还没有获着，心界中突然产生了一种空虚，思想情绪没有着落，行为举措没有标准，搔首踯躅，不知怎么才好，这就是普通所谓"青年的烦闷"。

　　这种青年烦闷的状态，以及由此状态产生的现象，如一方面对于一切怀疑，力求破坏。他方面，又对于一切武断，急求建设。思想没有定着，感情易于摇动，以及自杀逃走等等的事实，这本是向来"黎明运动"所常附带的现象，将来自然会趋于稳健创造的一途，为中国文化开一新纪元，就着过去历史上看来，本是很可喜的现象。但是，我们自己既遇着这种时期，陷入这种状态，就不得不自谋解救的方法，以求早入稳健创造的境地。

这解救的方法，本也不少。譬如建立新人生观、新信条等类。但这都还嫌纡远了一点。须有科学哲学的精神研究，不是一时可以普遍的。我们现在须要筹出几种"具体的方法"，将这方法传播给烦闷的青年，待他们自己应用这种方法去解救他们的苦闷。我现在本着我一时的观察，想了几条方法，写出来引动大众的讨论，希望还得着更周密完备的计划，以解决这青年烦闷的问题，则中国解放运动的前途，可以免了许多的危险和牺牲了。

## 一　唯美的眼光

唯美的眼光，就是我们把世界上社会上各种现象，无论美的、丑的、可恶的、龌龊的、伟丽的自然生活，以及鄙俗的社会生活，都把他当作一种艺术品看待——艺术品中本有表写丑恶的现象的——因为我们观览一个艺术品的时候，小己的哀乐烦闷都已停止了，心中就得着一种安慰，一种宁静，一种精神界的愉悦。我们若把社会上可恶的事件当作一个艺术品观，我们的厌恶心就淡了，我们对于一种烦闷的事件作艺术的观察，我们的烦闷也就消了。所以，古时悲观的哲学家，就把人世看做一半是"悲剧"，一半是"滑稽剧"，这虽是他悲观的人生观，但也正是他的艺术的眼光，为他自己解嘲。但我们却不必做这种消极的、悲观的人生观。我们要持纯粹的唯美主义，在一切丑的现象中看出他的美来，在一切无秩序的现象中看出他的秩序来，以减少我们厌恶烦恼的心思，排遣我们烦闷无聊的生活。

这还是消极的一方面说。积极的方面，也还有许多的好处：

（A）我们常时作艺术的观察，又常同艺术接近，我们就会渐渐地得着一种超小己的艺术人生观。这种艺术人生观就是把"人生生活"当作一种"艺术"看待，使他优美、丰富、有条理、有意义。总之，就是把我们的一生生活，当作一个艺术品似的创造。这种"艺术式的人生"，也同一个艺术品一样，是个很有价值、有意义的人生。有人说，诗人歌德（Goethe）的"人生Life"，比他的诗还有价值，就是因为他的人生同一个高等艺术品一样，是很优美、很丰富、有意义、有价值的。

（B）我们持了唯美主义的人生观，消极方面可以减少小己的烦闷和痛苦，而积极的方面，又可以替社会提倡艺术的教育和艺术的创造。艺术教育，可以高尚社会人们的人格。艺术品是人类高等精神文化的表示，这两种的贡献，也就不算小的了。

总之，唯美主义，或艺术的人生观，可算得青年烦闷解救法之一种。

## 二　研究的态度

怎样叫作研究的态度？当我们遇着一个困难或烦闷的事情的时候，我们不要就计较他对于切己的利害，以致引起感情的刺激，神经的昏乱，而平心静气，用研究的眼光，分析这事的原委、因果和真相，知这事有他的远因、近因，才会产生这不得不然的结果，我们对于这切己重大的事，就会同科学家对于一个自然对象一样，只有支配处置的手续，没有烦闷喜怒的感情了。

譬如现在的青年，对于社会上窳败的制度，政治上不良的现象，都用这种研究眼光去考察,不作一时的感情冲动,知道现在社会的黑暗罪恶是千百年来积渐而成,我们对他只当细筹改造的方法,不当抱盲目的悲观,或过激的愿望,那时,青年因政治社会而生的烦闷,一定可以减去不少。因这客观研究事实是不含痛苦的,是排遣烦闷的,而同时于事实上有极大的利益。

所以,研究的眼光和客观的观察,也是青年烦闷解救法的一种。

## 三 积极的工作

我们人生的生活,本来就是"工作"。无工作的人生,是极无聊赖的人生,是极烦闷的人生。有许多青年的烦闷,就是为着没有正当适宜的工作而产生的。试看那些资本家的子弟,终日游荡,没有一个一定的工作,虽是生活无虑,总是烦闷得很,无聊得很,终日汲汲地寻找消遣排闷的方法。所以,我以为,正当的积极的"工作",是青年解救烦闷与痛苦的最好方法。青年最危险的时候,就是完全没有工作的时候。这时候,最容易发生幻想、烦闷、悲观、无聊。

至于工作,有精神的肉体的。这两种中任择一种,就可以解除青年的烦闷。但是,做精神工作的,不可不当附带做点肉体的工作,以维持他的健康。

以上是我一时的感想,粗略得很。不过想借此引起诸君对于这黎明运动时代青年最易发生烦闷的问题,稍稍注意,商量个周密的解救办法。

原刊《解放与改造》第2卷第6期

## 八 ○ 读书与自助的研究

我们的思想、见解、学识，可以从两个源泉中得来：（一）从过去学者的遗籍；（二）从社会、人生与自然的直接观察。第一种思想的源泉叫作"读书"，第二种思想的源泉叫作"自动的研究"或"自动的思想"。这两种思想源泉孰优孰劣，是我今天所想讨论的问题。

读书，是把古人的思想重复思想一遍。这中间有几种好处，就是（一）脑力经济：古人由无数无数直接经验和研究得来的有价值的思想，如科学中的种种律令，我们可以不费许多脑力，不费许多劳动就得着了。这不是很经济吗？（二）时间经济：古人用毕生的时间得着的新发现，像开普勒的行星运行律令，我们可以在一点钟的时间内就领会了，这不是很经济的吗？所以"读书"确有很大的价值，我们不能不承认的。但是它也有很多的流弊，我们不可不知道，不可不预防。流弊中最大的危险，就是我们读书读久了，安于读书，习于以他人的思想为思想，渐渐地把自己"自动研究""自动思想"的能力消灭了。关于这一层我记得德国哲学家叔本华说得极透彻，我就把他书中的话，暂时代表我的自动的研究贡献诸君。

叔本华说：读书是拿他人的头脑，代替自己的思想。读书读久了，当会使自己的思想，不能成一个有系统的自内的发展。我们的头脑中充满了许多外来的思想，这种外来思想纷呈堆积，东一块，西一块，好像一堆乱石；不比那由我们自己心中亲切体验发展出来的思想，可以自成一个有生气的、有机体的系统。我们既常常以他人的思想为思想，以读书为唯一的思索的时间，离了书本，就茫然不能思索，得了书本，就犹鱼得水，这种脑筋是没有用了，至多不过是一个没有条理的藏书楼。所以，我们要直接地向大自然的大书中读那一切真理的符号，不要专在书房中，守着古人的几篇陈言。我们要晓得古人留下来的书籍，好比是他在一片沙岸上行走时留下来的足印。我们虽可以从他这足印中看出他所行走的道路与方向，但却不能知道他在道路所看见的是些什么景物，所发生的是些什么感想；我们果真要了解这书籍中的话，获得这书籍的益，还是要自己按着这书籍所指示的道路，亲自去行走一番，直接地看这路上有些什么景物，能发生些什么感想。（按：叔本华这个譬喻，同庄子的糟粕菁华的譬喻有点相似，且更觉亲切。）

所以叔本华并不是绝对的反对读书，——他自己读书之多，在欧洲学者中要算得很稀少的——不过他极力鼓吹自动的观察，自动的思想，他还有个譬喻说得好，他说书籍中的知识，譬如武士的盾甲，一个强有力的武士，运用沉重的盾甲，可以自卫，可以攻战；一个能力薄弱的人担负了一身沉重的盾甲，反而不能行动了。所以天才能多读书而不为书籍学问所拖累；普通人多读了书，反而减少了常识，对于社会、人生、自然失去了亲切的了解，只牢记得些书本中的死知识，不能运用，不能理解。

　　以上我引了叔本华书本中的几句死话。他这话对不对，还要我们亲自去看。不过人家要问我：我们不去专读死书，又怎么样呢？我们怎样去自动的研究，怎样去自动的思想呢？我必答道，我们自动的研究也要有方法、有途径。不是盲动的、乱动的，乃是有条理、有步骤的活泼有趣的动作。这种动作是什么？这种动作就是科学方法的活动研究。这种活动就是走到大自然中，自动的观察，自动的归纳。从这种自由动作中得来的思想，才是创造的思想，才是真实的学问，才是亲切的知识。这是一切学术进步的途径，这是一切天才成功的秘诀。这个途径不唯近代大科学家如是，就是古代天才的思想家也是如此。就看中国周秦时的庄子，我们从他的书中，可以知道他每天并不是坐在家中读死书，他是常常走到自然中观察一切，思想一切，到处可以触动他的灵机，发挥他的妙想。他书中引用自然间现象作譬喻的非常之多。以他那种爱在自然中活动，又富于伟大的理解能力，若生于现在，知道了许多科学实验的方法与器具，不也是一个大科学家吗？但是他所得的结果也已经不小了。以我所知道的中国哲学家看来，创造的思想之丰富，恐怕要推庄子第一。

　　庄子是中国学术史上最与自然接近的人，最富于自动的观察的人，所以也是个最富于创造的思想的人。我们模仿他的学者人格，再具有精密的科学方法，抱着丰富的科学知识，向着大自然间，作自动的研究，发挥自动的思想，恐怕这神秘万方的自然，也要悄悄地告诉我们几件未曾公开的秘密呢！

# 附录 宗白华诗六首

昨夜蓝空的星梦,
今朝眼底的万花。

## 月底悲吟

好友太阳谢着人间去了，
他雪峰上最后的握别，
呼醒了我深谷中的沉梦。
我睡眼惺忪，
悄悄地扶着山岩而起。
脸霞红印枕，绿鬓堆云，
我从复鬓中
偷偷地，
看见那远远的人间了。
啊，可爱的人间，
我想思久了，
如今又得相见！——

噫，可爱的人间，
你怎么这样冷清清的，
不表示一点声音：
你歌咏我的诗人，

何处去了？
你颂扬我的弦音，
怎不闻了？
沉寂的林中，
不看见携手的双影。
明窗的楼上，
不听见负手的沉吟。
都城寥廓，
空馀石壁森森了！
我存心惊跳，
凄然欲泪。
可爱的人间，
他竟忘了我么？！——

墙上的藤花，
心怜我了，
她低低垂着头，
临风欲堕。
湖上的碧水，
她同情深了，
泪光莹莹，
向我亮着。

啊，池边的水莲，
也忍不住了，
她合起了双眸，
含泪睡去。
青山额上，
罩满愁云，
默默对我无语。
泉水呜咽着，
向东方流去。
噫，
可爱的人间，
还是不见一个人影！
我泪眼红了，
头涔涔欲堕，
且覆卧在晓云中罢！

6月22日半夜作，悼国人美感的不振
　　　（1922年8月16日《学灯》）

## 生命的流

我生命的流
是海洋上的云波
永远地照见了海天的蔚蓝无尽。

我生命的流
是小河上的微波
永远地映着了两岸的青山碧树。

我生命的流
是琴弦上的音波
永远地绕住了松间的秋星明月。

是她心泉上的情波
永远地萦住了她胸中的昼夜思潮。

（1922年9月4日《学灯》）

## 世界的花

世界的花
我怎忍采撷你?
世界的花
我又忍不住要采得你!
想想我怎能舍得你,
我不如一片灵魂化作你!

8月26日柏林

（1922年10月12日《学灯》）

## 宇宙的灵魂

宇宙的灵魂
我知道你了,
昨夜蓝空的星梦,
今朝眼底的万花。

8月26日柏林

(1922年10月12日《学灯》)

## 生命的河

生命的河,
是深蓝色的夜流,
映带着几点金色的星光。

(1922年8月20日《学灯》)

## 孤舟的地球

孤舟的地球

泛泛的空海

缠绵的双星

同流的天河，

但我们的两星

寄托在地球的孤舟上。

（1922年9月5日《学灯》）